国家自然科学基金面上项目 (51874109)
国家自然科学基金地区科学基金项目 (51764010)
贵州省优秀青年科技人才培养计划项目 (黔科合平台人才 [2019]5674)
贵州省科技支撑计划项目 (黔科合支撑 [2019]2861)

近距离跨采底板巷道围岩控制技术

周波　著

中国矿业大学出版社
· 徐州 ·

内容提要

本书系统论述了近距离跨采底板巷道应力传递规律、控制理论与技术，主要内容包括跨采工作面底板采动应力传递规律、强采动作用下底板巷道应力转移技术、跨采动压巷道控制技术关键装备及材料研发、近距离跨采底板巷道围岩控制及工艺参数优化和工程示范等。

本书可供采矿工程领域的科研、工程技术人员参考，亦可作为普通高等学校采矿工程及相关专业研究生、本科生的参考书。

图书在版编目(CIP)数据

近距离跨采底板巷道围岩控制技术 / 周波著. 徐州 ：中国矿业大学出版社，2025. 6. — ISBN 978-7-5646-6882-2

Ⅰ. TD263

中国国家版本馆 CIP 数据核字第 20257AU567 号

书　　名　近距离跨采底板巷道围岩控制技术

著　　者　周　波

责任编辑　王美柱

出版发行　中国矿业大学出版社有限责任公司

（江苏省徐州市解放南路　邮编 221008）

营销热线　(0516)83885370　83884103

出版服务　(0516)83995789　83884920

网　　址　http://www.cumtp.com　**E-mail**:cumtpvip@cumtp.com

印　　刷　苏州市古得堡数码印刷有限公司

开　　本　787 mm×1092 mm　1/16　**印张** 10　**字数** 256 千字

版次印次　2025 年 6 月第 1 版　2025 年 6 月第 1 次印刷

定　　价　48.00 元

前 言

贵州省作为我国西南地区重要的能源基地，赋存着丰富的近距离煤层群资源，煤层群具有层间岩层厚度薄、力学关联性强的典型特征。相较单一煤层开采，近距离煤层群开采过程中产生的复合采动效应显著加剧了围岩控制难度。尤其是受煤田赋存以及开采布局和技术等因素影响，大量煤矿在采区两翼开采后留下上、下山保护煤柱，煤层群开采后，复合煤柱内应力集中，并向深部底板围岩传递，大大劣化了底板巷道围岩的应力环境，直接导致布置在该区域的运输大巷、轨道下山、联络巷道及石门巷道群出现顶板离层、帮部挤出、底鼓变形等复合型破坏。因此，近距离跨采底板巷道围岩稳定性控制具有重要的研究意义和实践应用价值。

本书围绕近距离跨采底板巷道围岩稳定性控制技术开展了深入研究，内容涵盖了跨采工作面底板采动应力传递规律、强采动作用下底板巷道应力转移技术、跨采动压巷道控制技术关键装备及材料研发、近距离跨采底板巷道围岩控制及工艺参数优化和工程示范等。

本书共分为6章，第1章主要介绍了近距离跨采底板巷道稳定性控制相关的研究背景和意义；第2章调研并理论分析了典型跨采底板巷道采动应力传递规律；第3章模拟了强采动作用下底板巷道应力转移的关键影响因素并提出“卸-转-固”协同控制技术体系；第4章研发了跨采动压巷道控制技术关键装备及注浆材料；第5章理论分析并优化了跨采底板巷道围岩控制技术工艺参数；第6章介绍了近距离跨采工作面底板巷道围岩控制工程示范等。

作者周波现就读于贵州大学资源与环境工程学院、攻读博士学位，在本书撰写过程中，贵州大学矿业学院李波波教授以及贵州理工学院徐佑林教授、郑伟副教授、周泽副教授、吴旭坤老师等给予了指导和帮助，研究生吴少康、陈志松、李彬、张际涛、陈惠阳以及现场技术人员李克诚、王兴强、侯贤等为工程数据采集与案例研究提供了重要的技术支持，在此谨向所有为本书研究工作作出贡献的专家学者、技术人员及团队成员致以诚挚的谢意！

本书中工程实践得到了贵州紫森源集团投资有限公司仲恒煤矿、贵州湾田煤业集团有限公司湾田煤矿及贵州天伦矿业投资控股有限公司有关领导及工程技术人员的大力支持和热情帮助，在此向他们表示诚挚谢意！本书还引用了国内外大量的文献资料，对这些文献的作者深表感谢！

由于作者水平和学识所限，书中难免存在疏漏、缺陷之处，恳请专家和读者批评指正。

著 者
2025年5月

目　录

1 绪 论

1.1 研究背景及意义

贵州省素有“西南煤海”之称，全省煤炭保有资源量在 800 亿 t 左右，居全国第五位。含煤地层在全省分布广泛，面积约 70 000 km^2，占全省面积的 40%左右，共划分为 9 个煤田。可以说，煤炭工业既是贵州的主要基础工业，也是支柱产业之一。

近距离煤层群通常是指多个煤层层间距很近，开采时具有显著相互影响的煤层。贵州地区历经武陵、雪峰、加里东、海西、印支、燕山和喜马拉雅等构造运动，形成了煤层层数多、单层煤厚度不大、煤层层间距小的复杂赋存特征。含煤地层主要有下石炭统旧司组，下二叠统梁山组，上二叠统宣威组、龙潭组和长兴组，上三叠统二桥组和新近系翁哨组，各含煤地层均含层数不等的煤层。其中，上二叠统是贵州省最主要的含煤地层，也是当前大部分煤矿的主采含煤地层，含煤 0～83 层，一般 10～40 层；可采煤层 1～27 层，一般 2～10 层，如图 1-1 所示。

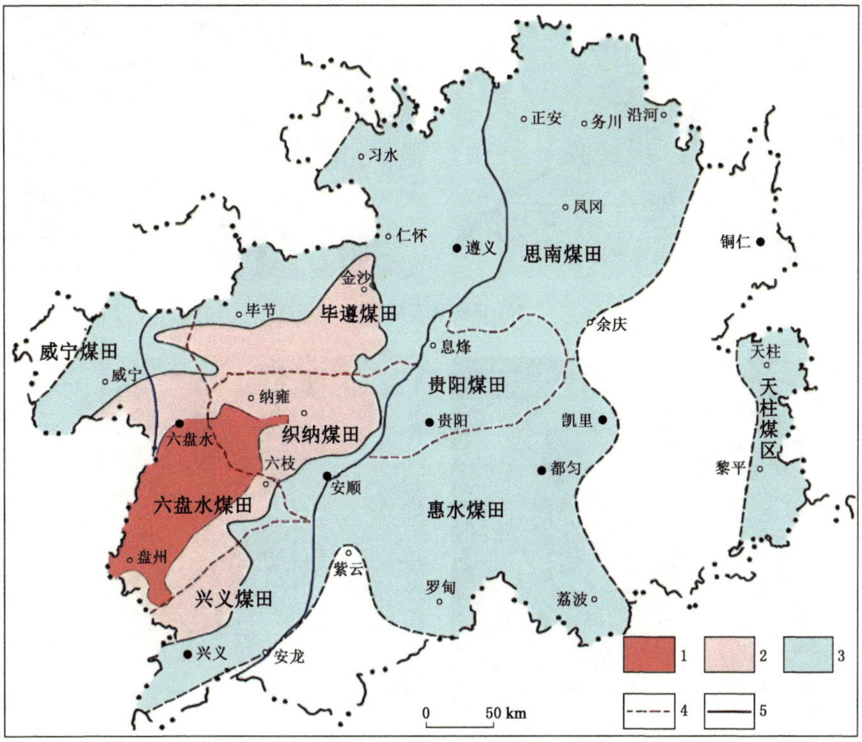

图 1-1 贵州省上二叠统煤层层数分布图

较之单层煤开采,近距离煤层群开采的矿压显现规律更加复杂,对围岩运动控制也提出了更大的挑战。近距离煤层群回采过程中,各煤层工作面开切眼处、停采线前方以及其他有关位置遗留下尺寸不一的煤柱。此外,受多煤层采动叠加影响,采动区域一定范围内的层间岩层将垮落至采空区,而煤柱支撑范围内的岩层则与上下煤柱共同组成复合煤柱,如图 1-2 所示。复合煤柱将承担更大范围的上覆岩层重力,从而导致煤岩柱内应力集中,并向深部底板围岩传递,进一步劣化了底板巷道围岩的应力环境。

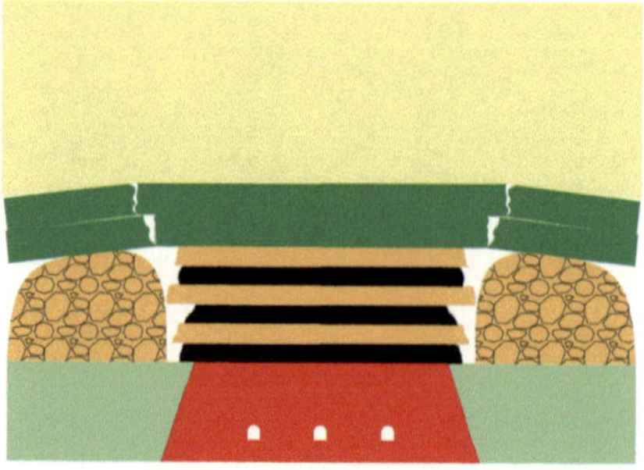

图 1-2　煤层群开采复合煤柱致灾示意图

为此,贵州理工学院巷道支护课题组对贵州省 100 余处煤矿的巷道支护情况进行摸底排查。调研表明,受井田范围限制,多数巷道布置在井田中部,采用两翼开采,加之近距离煤层群赋存条件,企业考虑效益,不断跳采,同时部分老矿井由于开采年限长,系统极其复杂,形成复合应力状态;在采动应力作用下,巷道围岩受数次动压影响,已经完全破碎,对应力极为敏感,变形极为严重。另外,调研组发现大部分煤矿在进行巷道支护设计时存在支护设计缺乏科学依据,锚杆支护系统的主动支护强度和刚度低,构件结构不合理、强度不匹配,施工及检测工具不齐全,监测手段不到位以及安全可靠性差等问题,如图 1-3 所示。

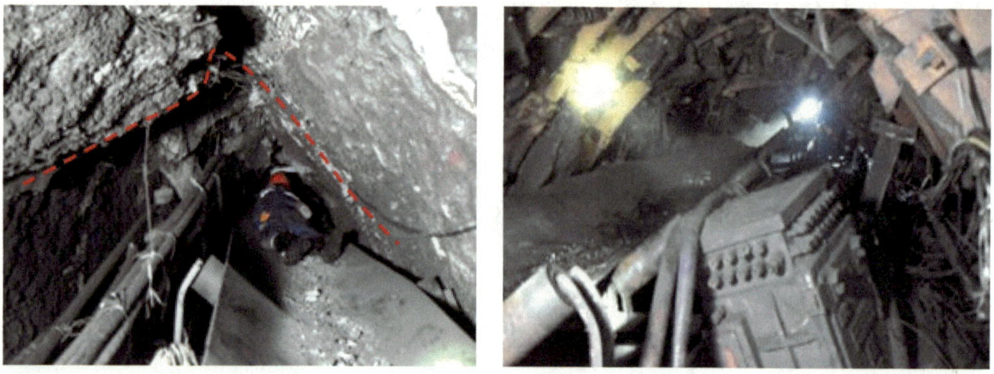

(a) 顶板、两帮变形

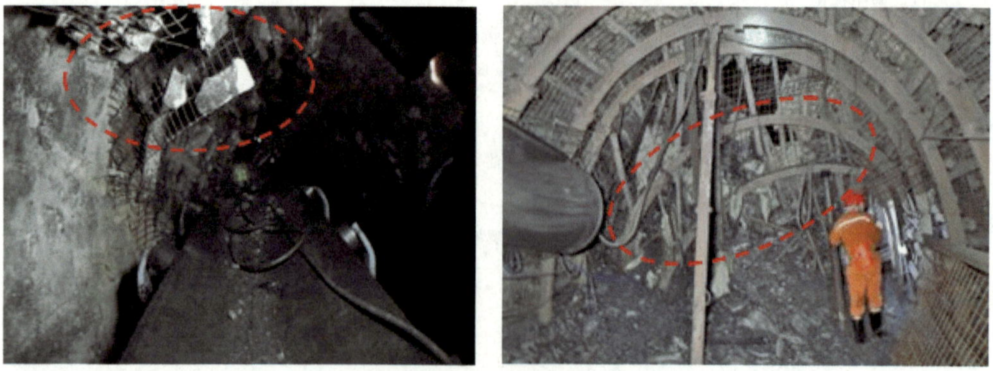

(b) 支护构件破坏

图 1-3　受近距离煤层群强动压影响的巷道状况

1.2　研究现状综述

1.2.1　支承压力在底板岩层中的分布

根据弹性力学理论,集中力作用在半无限体的平面上,平面下方任一点将会受到影响,可概化为半平面体在边界上受法向集中力的问题,求解可以得出沿水平面及深度方向上垂直应力的分布情况。虽然在实际工程中很少遇到集中载荷作用的情况,但是根据这个解,可以知道应力在岩体内的传递规律,并且可以用积分的方法求解其他形式载荷下的应力分布问题。德国学者雅可毕将煤层开采条件理想化,即将岩体视为均质的弹性体,对煤柱和煤体下方底板岩层中的应力分布进行了模拟计算。近些年我国专家学者在这方面也做了一定的研究工作。

唐孟雄将煤层底板岩体看作一个半无限体,利用弹性理论的半无限体平面问题的解,以应力增量的形式讨论了煤层工作面开采过程中底板某点的应力状态,并成功应用于煤层底板破坏深度的预计,为煤层底板突水预测提供了参考。

林峰结合淮北芦岭煤矿的地质条件,采用相似材料模拟试验分析了工作面采动过程中煤层底板应力分布规律,并得出了底板巷道的合理布置参数。

尹鹤峰等利用空间问题的弹性理论,计算分析了采动影响下的煤层底板应力分布,并参照以往学者的研究成果,利用最小势能原理和极限平衡原理,分析了底板含水层易在采空区和采场突水的原因,同时根据计算和分析结果,提出底板巷道应布置在超前支承压力影响深度以下。

关英斌等根据显德汪煤矿三维地应力测量数据,利用 3D-程序模拟了不同水平煤层的开挖效应,计算了各水平煤层回采后围岩应力、位移和破坏区的分布状况,分析了 9 号煤层底板变形破坏规律,得到了煤层底板最大破坏深度计算公式,从而为显德汪煤矿下组煤的安全开采及矿井水的防治提供了科学依据。

秦忠诚等针对东滩煤矿 4303 孤岛综放面开采情况,采用三维计算模型对底板任一点处的应力分布进行了计算分析,得出了 4303 孤岛综放面回采之前和回采时支承压力在底板岩石中引起的附加压力分布规律:4303 工作面回采之前,随距煤层底板距离的增大,附加压力逐渐减小,但相应压力的分布范围逐渐增大;随着采煤工作面的推进,底板各点将经受附加压力“升高—降低—恢复”的动态变化过程,附加压力的大小及变化程度,与走向剖面位置有关,在同一走向剖面上,则与巷道距离上方煤层的垂直距离有关,且越靠近煤层,距离变化引起的影响越显著,当该距离小于 20 m 时,变化最敏感。

朱术云等在分析矿山压力的基础上,建立了煤层底板应力分析计算模型,运用弹性理论对煤层底板随工作面推进相对固定位置剖面处应力分布规律进行了求解,结果表明,随着工作面推进,煤层某相对固定位置底板应力沿深度变化幅度越来越小,在一定深度范围内垂直应力的释放速度远大于水平应力的释放速度,故最大主应力的方向由开始的垂直方向变为后来的水平方向。

张百胜视煤(岩)体为均质的弹性体,应用弹性理论得出了煤柱均布载荷作用下底板岩体内的应力计算公式,总结出了煤柱均布载荷在底板岩层中的传递规律;并以大同矿区下组极近距离煤层一般开采条件为例，采用非线性有限元数值计算方法分析了上部煤层开采后不同残留煤柱宽度条件下底板煤岩层中的应力分布规律，从而得出下部煤层回采巷道合理位置的确定方法，并成功应用于实践。

姜鹏飞等以汾西矿区近距离煤层群开采为背景，分析了煤层回采后煤柱及附近煤岩体应力重分布影响因素，并采用 FLAC3D 有限差分程序计算研究了近距离煤层群上部煤层回采在不同宽度煤柱内部及下部煤岩体中的传力机制，结果表明：煤柱内部集中应力对底板应力重分布的影响大于对顶板应力重分布的影响；不同宽度煤柱内部及顶底板煤岩体应力集中系数不同，随着煤柱宽度的增加，煤柱内部最大主应力呈现先增加后逐渐减小的变化趋势；随着煤柱宽度的增加，煤柱下部煤岩体的应力影响扩散角减小，并逐渐趋于一个稳定数值。

张华磊基于弹性力学原理，应用附加应力算法分析了采动支承压力在底板岩层中的传递规律，并将采动支承压力与巷道围岩应力有机结合在一起，建立了跨采动压巷道的弹塑性力学模型，分析了上覆不同煤层工作面开采时巷道围岩的应力分布规律及巷道围岩变形特征。

1.2.2 巷道围岩变形破坏机理

围岩变形及破坏情况是衡量巷道矿压显现剧烈程度的重要指标，是巷道围岩应力、围岩强度和巷道支护三大因素随时间变化相互耦合作用的结果表现。一般巷道围岩变形包括顶板下沉、底鼓、巷帮收缩等。国内外的众多煤炭科技工作者对巷道变形及破坏机理进行了大量的、长期的研究工作，并取得了一些研究成果，对巷道支护与维护具有非常重要的指导意义。

孙晓明等通过对深部开采软岩巷道的变形破坏机理的研究发现，软岩巷道的破坏主要是支护体力学特性与围岩力学特性不耦合所造成的，并且首先从某一部位即关键部位开始，进而导致整个支护系统的失稳。按其变形力学机制不同，软岩巷道的破坏机理主要有以下 4 种类型——① 强度不耦合：是指支护体和围岩的强度不耦合，非均匀的载荷作用在等强的支护体上，形成局部过载，产生局部破坏，最终导致支护体失稳；② 刚度正向不耦合：是指支护体和围岩的刚度正向不耦合，支护体刚度小于围岩刚度，围岩产生的过量变形得不到限制，围岩剧烈变形损伤、强度降低，从而将围岩本身所承担的载荷传递到支护体上，形成局部过载而产生破坏；③ 刚度负向不耦合：是指支护体和围岩的刚度负向不耦合，支护体刚度大于围岩刚度，围岩的膨胀性等能量不能充分转化为变形能而释放，造成局部能量聚集，使支护体局部过载而产生破坏；④ 结构变形不耦合：是指支护体和围岩结构变形不耦合，支护体产生均匀的变形，围岩中的结构面(如软弱夹层、层理面、断层面、节理面等)产生差异性滑移变形，从而使支护体局部发生破坏。

德国学者奥顿哥特利用相似材料模型试验对巷道底鼓的全过程进行了模拟研究，认为在垂直应力作用下巷道的两帮岩层首先被压裂，由于水平应力的作用，巷道顶板下沉而底板发生底鼓变形。

姜耀东等针对在深部开采中巷道底鼓严重的问题，在大量现场研究、实验室模拟试验和数值计算的基础上，探讨了巷道底鼓的基本特征，将深井软岩巷道底鼓的机理归结为挤压流动型底鼓、挠曲褶皱型底鼓、剪切错动型底鼓、遇水膨胀型底鼓等 4 种基本类型，并指出影响底鼓的主要因素有底板岩性、围岩应力、水理作用、支护强度。

王卫军等针对沿空掘巷时，巷道实体煤帮在本工作面的超前支承压力和相邻的已采工作面的侧向支承压力叠加而成的高支承压力的作用下维护困难，并比一般回采巷道更容易产生底鼓的现象，在分析了沿空掘巷应力环境的基础上，应用损伤理论分析了给定变形下沿空掘巷实体煤帮的支承压力分布，并探讨了支承压力分布与煤岩厚度、弹性模量等参数的关系。结果表明，当煤层和直接顶厚度较大时，支承压力相对较高，影响范围较大，巷道维护较困难，底鼓容易发生；反之，当煤层和直接顶厚度较小时，支承压力较低，巷道维护相对较容易并不易产生底鼓。

刘高等以某有色金属矿山巷道为例，给出了高应力软岩的定义，论述了高应力软岩的特征、形成条件以及高应力软岩巷道围岩的变形破坏特征，分析了巷道开挖前后地应力状态的变化及其对围岩变形破坏的影响，并从岩体和工程岩体围压状态变化和强度变化角度探讨了高应力软岩巷道围岩的变形破坏机理。指出高应力软岩巷道围岩变形破坏机制是多种力学机制的复合类型，根本原因是围压低且应力差大：在开挖前，岩体因位于高围压环境而处于稳定状态；开挖后，围压降低、应力差增大，结构面张开或滑移，围岩整体强度降低，表现出软岩特性。

林崇德应用离散元数值模拟分析方法，结合现场实际现象和相似材料模拟的试验结果，对巷道围岩及层状岩石顶板的变形破坏进行过程分析。结果表明，煤层巷道围岩，无论是顶板岩层还是巷帮煤体，在矿山压力作用下经历了挤压破坏、弯曲变形的过程；围岩的破坏主要是由于巷道周边径向应力释放、切向应力增高，在围岩中形成无侧向约束、受单向压应力区，该区岩石在单向集中压应力作用下产生塑性破坏或沿节理弱面错动、离层，引起岩层弯曲变形破坏；层状岩石顶板是在水平压应力作用下破坏的，而不是在垂直压应力作用下以承载梁的形式破坏的。

李桂臣针对软弱夹层巷道在掘进及长期维护中极易出现顶板离层垮冒等失稳现象，采用实验室岩块试验、平面应变相似材料模拟试验、数值计算及理论分析相结合的方法，分析了软弱夹层的物理化学特性、工程力学特性，研究了软弱夹层各物理力学参数，特别是层位对该类顶板巷道稳定性的影响机理；在实验室典型岩样力学性能测试基础上，重点研究了水作用下泥化泥岩巷道和动压作用下软弱夹层顶板巷道的失稳特征与破坏机理。结果表明，软弱夹层在巷道开挖瞬间失稳，不能继续承载；水作用下泥化泥岩巷道位移场受到较大扰动，围岩变形量急剧增加，且变形速度不断加快，水长期作用后锚杆失去锚固作用，围岩承载能力丧失，巷道整体失稳垮冒；原岩应力作用下巷道基本保持稳定，但受高应力或动压影响(2～3 倍原岩应力)时软弱夹层处明显离层，应力不断增高时巷道很快垮冒；水平应力的增大，加快了软弱夹层处的离层，促使巷道失稳垮冒。

杨峰等通过理论分析、数值模拟并结合工程实践，对复合顶板巷道变形破坏机理及相应的锚杆支护技术进行了研究。结果表明，复合顶板的变形破坏主要是因为支护不力导致顶板初期离层量和下沉量较大，顶板的稳定性恶化，加之复合顶板各岩层节理裂隙发育，且各岩层间黏结力较弱甚至无黏结力，顶板迅速离层、下沉，并逐步向顶板深部扩展，最终导致复合顶板的破坏。

1.2.3 巷道围岩控制理论与技术

1.2.3.1 巷道围岩控制理论研究现状

20世纪60年代，奥地利工程师L. V. Rabcewicz在总结前人经验的基础上，提出了一种新的隧道设计施工方法，称为新奥地利隧道施工方法（New Austrian Tunneling Method），简称为新奥法，新奥法目前已经成为地下工程的主要设计施工方法之一。1978年，L. Muller比较全面地论述了新奥法的基本指导思想和主要原则，并将其概括为22条。新奥法的核心是利用围岩的自承作用来支撑隧道，促使围岩本身变为支护结构的重要组成部分，使得围岩与结构的支护结构共同形成坚固的支撑环。新奥法自提出后，得到广泛的应用，已经从最初的隧道施工扩展到采矿、冶金、水利电力等其他岩土工程领域。

20世纪70年代，M. D. Salamon等提出能量支护理论。该理论认为：支护结构与围岩相互作用、共同变形，在变形过程中围岩释放一部分能量，支护结构吸收一部分能量，但总的能量没有发生变化；主张利用支护结构的特点，使支架自动调整围岩释放的能量和支护体吸收的能量，支护结构具有自动释放多余能量的功能。

于学馥等提出的“轴变理论”和“系统开挖控制理论”认为：巷道围岩破坏是由于应力超过岩体强度极限所致，坍塌相当于改变巷道轴比，导致应力重新分布，高应力下降、低应力上升，直至自稳平衡；应力均匀分布的轴比是巷道最稳定的轴比，此时巷道形状为椭圆形。而系统开挖控制理论认为是开挖扰动了岩体的平衡，这个不平衡系统具有自组织功能，可以自行稳定。

冯豫、郑雨天、陆家梁、朱效嘉等在总结新奥法支护的基础上，提出了“联合支护理论”，其观点可以概括为：对于软岩巷道支护，一味地追求刚度是难以奏效的，要“先柔后刚、先让后抗、柔让适度、稳定支护”，并由此发展了锚喷网支护技术、锚喷网架支护技术、锚带网架支护技术、锚带喷架支护技术等联合支护技术。

以郑雨天、孙钧和朱效嘉为代表的学者提出了锚喷-弧板支护理论，该理论认为：对软岩总是强调让压是不行的，让压到一定程度，要坚决顶住，即联合支护理论的先柔后刚的刚性支护形式为“钢筋混凝土弧板”，要坚决限制和顶住围岩向中空的位移。其主要缺点是成本较高，弧板后充填技术要求严格，允许围岩变形有限，需要很高的阻抗力。

董方庭等通过大量现场观测巷道支护作用与围岩破裂区、塑性区生成的时间先后关系，发现现行巷道支护一不可能及时，二不可能密贴，只有静待围岩产生足够变形之后才能提供支护阻力，以此为基础提出了巷道围岩松动圈支护理论。其理论要点可以概括为：围岩松动圈大小主要决定于地应力和岩石强度的大小，而受开挖尺寸、支护影响不大；同一围岩巷道中，岩石应力越大，松动圈也越大，同一地应力条件下，岩石强度越低，松动圈越大；松动圈发展过程中的岩石碎胀变形和碎胀力是巷道载荷的最主要部分，是支护的对象；支护的作用是限制围岩松动圈形成过程中碎胀力所造成的有害变形。

何满潮等运用工程地质学和现代力学相结合的方法，通过分析软岩变形力学机制而提出了工程地质学支护理论。该理论将软岩变形力学机制分为物化膨胀类、应力扩容类和结构变形类三大类。在每一类中又依据引起变形的严重程度分为A、B、C、D四个等级。该理论认为：软岩巷道的变形力学机制通常是三种以上的变形力学机制的复合类型，复合型变形力学机制是软岩变形和破坏的根本原因，并提出了以转化复合型变形力学机制为单一型变形力学机制的支护理论。同时指出，要对软岩巷道实施成功支护，必须运用3个技术关键：① 正确确定软岩变形力学机制的复合型；② 有效地将复合型变形力学机制转化为单一型；③ 合理地运用复合型变形力学机制的转化技术。

方祖烈提出的主次承载区支护理论认为：巷道开挖后，在围岩中形成拉压域，压缩域在围岩深部，处于三向应力状态，围岩强度高，是维护巷道稳定的主承载区。张拉域在巷道周围，围岩强度相对较低，通过支护加固也有一定的承载力，称为次承载区。主、次承载区的协调作用决定巷道的最终稳定性。

侯朝炯等通过深入研究得到了煤巷锚杆支护的关键理论和技术，特别是提出了围岩强度强化理论。包括：① 锚杆支护实质是锚杆与锚固区域的岩体相互作用组成锚固体，形成统一的承载结构；② 锚杆支护可提高锚固岩体的弹性模量、黏聚力和内摩擦角等力学参数，改善锚固岩体的力学性能；③ 巷道围岩存在破碎区、塑性区和弹性区，锚杆锚固区域岩体的峰值强度、峰后强度及残余强度均能得到强化；④ 锚杆支护可改变围岩的应力状态，增加围压，提高围岩的承载能力，改善巷道支护状况；⑤ 围岩锚固体强度提高后，可减小巷道周围破碎区、塑性区范围和巷道表面位移，控制围岩破碎区、塑性区的扩展，从而利于巷道围岩稳定。

孙晓明等提出的关键部位耦合支护理论认为：巷道支护破坏大多是支护体与围岩体在强度、刚度、结构等方面存在不耦合造成的。针对软岩巷道围岩由于塑性大变形而产生的变形不协调部位，通过支护的耦合而使其变形协调，从而限制围岩产生有害的变形损伤，实现支护一体化、载荷均匀化，达到巷道稳定的目的。并指出软岩巷道实现耦合的基本特征在于巷道围岩与支护体在强度、刚度及结构上的耦合。

1.2.3.2 巷道围岩控制技术研究现状

(1) 围岩加固法

巷道支护的目的就是加固围岩，控制围岩变形，使其保持稳定。加固手段分为主动支护和被动支护两大类。主动支护主要有锚、喷、网联合支护，锚索支护，注浆支护，锚注支护等手段；被动支护主要是金属架棚支护。

(2) 卸压法

卸压法是高应力软岩巷道围岩稳定性控制的一种主要方法，尤其在底鼓较强烈的软岩巷道中效果明显。它与加固法控制跨采动压巷道围岩不同，主要利用切缝等方法使原来连续的岩体处于不连续状态，使巷道处于应力降低区，从而减少巷道围岩的变形量。国内外使用的卸压法包括底板切缝、两帮切缝、钻孔、松动爆破、卸压煤柱留设及卸压巷道留设等方法。

① 切缝卸压：切缝包括底板切缝和两帮切缝，使应力向围岩深部转移，卸压效果主要取决于切缝深度、宽度、形状及切缝与掘巷时间间隔等。

② 钻孔卸压：钻孔法也包括底板钻孔和两帮钻孔，其卸压机理与切缝相似。

③ 松动爆破：在巷道底板或两帮进行松动爆破后，会产生众多人为裂隙，从而使浅部围岩与深部岩体脱离，原处于高应力区的围岩卸载，应力转移到深部围岩。

④ 卸压煤柱卸压：在回采巷道中运用卸压煤柱可取得一定的控制效果，当工作面一侧的巷道没有卸压煤柱时，由于煤体受集中应力作用，不仅会使煤体严重向巷道内移进，而且会使底板承受过大的压力而产生底鼓。此时卸压煤柱的作用是传递压力而不是承受压力，

卸压煤柱破碎后，可将作用在其上面的应力转移到煤体上，从而减小巷道变形量。

⑤ 卸压巷道卸压：在受动压影响底板岩巷附近掘进卸压巷道，对被保护巷道进行卸压，对改善巷道围岩受力状况可起到比较好的效果。实践表明，对于软岩巷道、动压巷道和深井巷道，这种卸压法是一种有很好应用前景的巷道控制方式，但是其控制技术比较难以把握，如果没有控制得好，反而会起到相反的效果。

(3) 联合法

对于一些受煤柱或动压高应力影响较大的巷道，仅使用一种支护方式很难控制住巷道的变形破坏，在这种情况下，可综合应用上述方法维护巷道稳定，即采用联合支护技术。联合支护最初仅为各类支护体的简单叠加，随着联合支护理论研究的不断深入，逐步由简单的支护方式叠加，演化为多种支护方式的联合、耦合，并在软岩巷道工程实践中进行了大量应用。目前，联合支护技术在支护方式选择上主要集中于各种主动支护方式的联合，如锚杆-锚索、锚杆-锚注等；在特殊情况下亦有主被动方式的联合，如碹体-锚杆(索)、金属支架-锚杆(索)、金属支架-锚注等。

1.3 研究内容

(1) 近距离跨采工作面底板应力传递规律

采用 CXK12(A)型钻孔三维成像仪，研究跨采底板巷道围岩裂隙发育特征，得到跨采底板巷道围岩裂隙分布规律；基于弹性力学模型与 FLAC3D 数值模拟，量化跨采工作面底板垂直应力分布规律，揭示跨采底板采动应力传播规律与破坏机理。

(2) 强采动作用下底板巷道应力转移技术

利用 ANSYS/LS-DYNA 数值模拟，揭示装药长度、间隔装药、孔距及延时对围岩损伤范围和应力转移效率的影响规律；基于应力转移原理，提出深孔爆破卸压与锚注加固协同技术，以爆破形成低应力卸压带，将浅部集中应力转移至深部弹性区，为深部强采动巷道稳定性控制提供理论支撑与工程范式。

(3) 近距离跨采动压巷道控制技术关键装备及材料

针对传统支护效率低、掘支失衡问题，创新设计模块化快速支护台车，采用液驱自走与遥控触控双模技术，实现支护-浇注-脱模一体化作业；研发单液无机注浆材料、双组分速凝材料、高强加固材料等三类注浆材料，形成“智能支护-精准注浆”协同技术体系，突破深部强动压巷道“掘支失衡”与“反复失稳”瓶颈。

(4) 近距离跨采底板巷道围岩控制及工艺优化

基于圆形巷道弹性解与 FLAC3D 数值模拟，揭示高支承压力下巷道帮部优先破坏机制；建立直角梯形薄板力学模型，推导调斜采场顶板破断临界推进步距解析解；基于安全岩柱厚度理论，划分巷道加强支护段与常规段，提出跨石门开采分段支护技术。

(5) 近距离跨采工作面开采工程示范

在对提出的跨采工作面巷道围岩控制技术全面论证的基础上，对吉源煤矿、湾田煤矿首采区上山巷道群及跨石门围岩控制进行现场工业性试验，并展开相关监测，对工业性试验的效果进行评价，总结实践经验。

2 跨采工作面底板采动应力传递规律

在近距离跨采条件下，由于相邻采区之间的相互影响，采动应力在底板岩层中的传递更为复杂，易导致底板岩层发生剧烈变形、破裂甚至失稳。采动应力的传递规律受采深、岩层力学性质、开采顺序及地质构造等多重因素影响，尤其在近距离跨采时，应力叠加效应显著，可能引发底板岩层的非均匀变形和破坏。通过深入分析采动应力的传递路径和分布特征，可以更好地预测底板岩层的稳定性，为制定合理的支护措施和开采方案提供科学依据，从而有效降低开采风险，保障跨采工作面的安全生产。

2.1 底板巷道围岩裂隙分布情况探测

2.1.1 跨采工作面及底板巷道围岩情况

本章以吉源煤矿为例，沿 19 煤倾向布置运输上山、轨道上山、回风上山，采用双翼开采。11706 工作面位于三条上山东翼，走向长仅有 200 多米；11703 工作面位于三条上山西翼，设计走向长 300 多米。由于 17 煤大部分已经采空，矿井兼并重组后所布置 17 煤工作面走向长度普遍较小，搬家倒面次数多，不利于矿井生产效益的提高。因此，吉源煤矿考虑采用跨上山开采技术，从东翼 11706 工作面推进跨越布置于 19 煤的运输上山、轨道上山、回风上山，推进至西翼的 11703 工作面，如图 2-1 所示。

11706 工作面跨采至 11703 工作面，需要跨越沿 19 煤倾向布置的运输上山、轨道上山、回风上山。三条上山巷道布置在 19 煤中，巷道沿煤层顶板掘进，巷道围岩松软，17 煤与 19 煤层平均间距为 25 m。

19 煤轨道上山、19 煤回风上山、19 煤运输上山均采用 U 形棚＋喷射混凝土支护，喷浆厚度为 100 mm，巷道断面形状为直墙半圆拱形，净宽为 4 m，净高为 3.4 m。见图 2-2。

顶板：以粉砂质泥岩、粉砂岩为主，岩石质量差至中等、完整性差至中等，属较软至较坚硬岩类，稳定性中等。

底板：直接底有 0.1～0.5 m 含根泥岩，其下部为泥质粉砂岩、粉砂岩、细砂岩。岩石质量差至中等、完整性差至中等，属较坚硬岩类，稳定性中等。无膨胀、底鼓现象。

煤层综合柱状图如图 2-3 所示。图 2-3 中 17-1 煤和 17-2 煤均为 17 煤，11706 工作面范围内 17-1 煤与 17-2 煤同为 17 煤，在 11703 工作面 17 煤出现分层现象，11703 工作面主采 17-1 煤层。17 煤与 19 煤中上山巷道间距为 19～32 m，平均为 25 m。

2.1.2 底板巷道围岩力学基础参数测试

对吉源煤矿的 17、19 两层煤的顶板岩层力学参数进行测试前，需要在矿井的各煤层顶

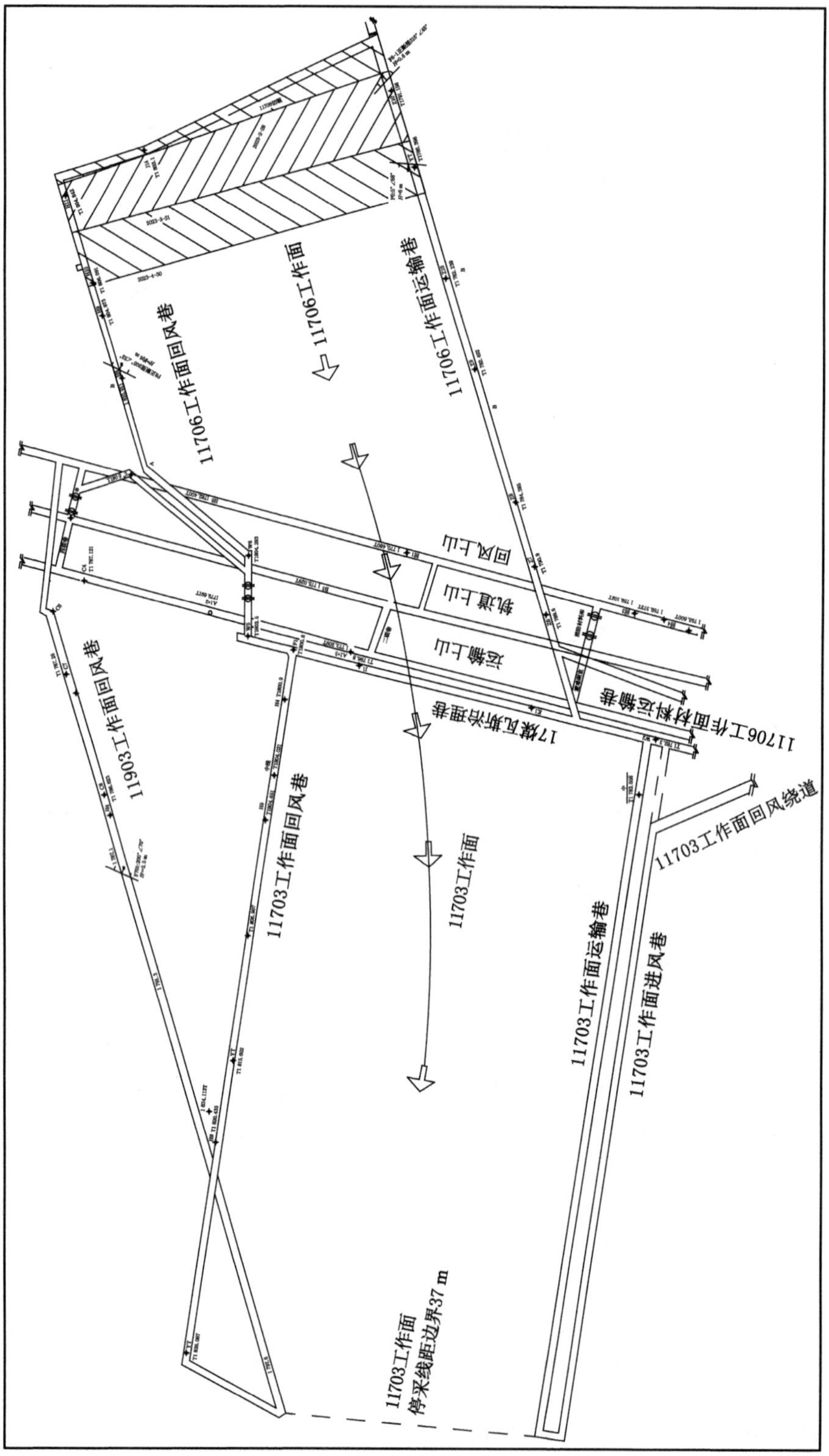

图2-1　17煤跨采示意图

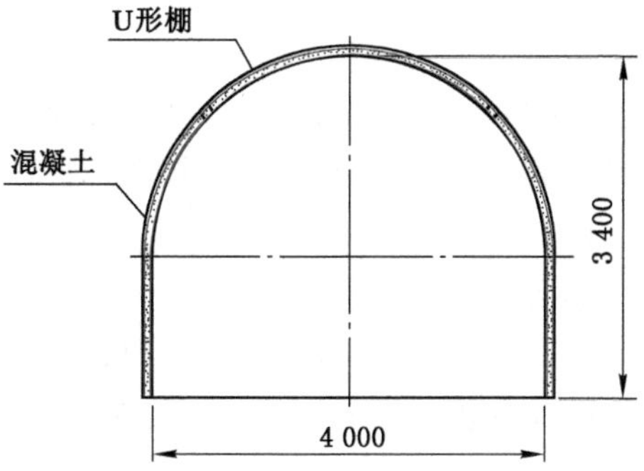

图 2-2 19 煤三条上山巷道断面原支护图

综合柱状图	煤层编号	层厚/m	累厚/m	岩性描述
		15.80	105.81	灰色泥质粉砂岩、粉砂岩及深灰色钙质泥岩，夹不可采、不稳定煤层1层，含腕足类动物化石
	12-1	1.13	106.94	全区可采煤层，含夹石0～5层，一般0～2层
		12.45	119.39	灰色粉砂岩、粉砂质泥岩、泥质粉砂岩，夹不可采、不稳定煤层1层，含完整植物叶化石
	17-1	4.27	123.66	全区可采煤层，含夹石0～5层，一般0～2层
		7.00	130.66	灰色粉砂岩、细砂岩及深灰色粉砂质泥岩、泥质粉砂岩，夹不可采、不稳定煤层1层，含完整植物叶化石
	17-2	1.22	131.88	大部可采不稳定煤层，含夹石0～5层，一般0～2层
	标五	25.00	156.88	灰色粉砂岩、细砂岩及深灰色粉砂质泥岩、泥质粉砂岩，夹菱铁矿薄层，夹不稳定、不可采煤层3层，底部含动物化石
	19	3.38	160.26	全区可采较稳定煤层，含夹石1～8层，一般1～5层，上、下部结构差异明显，夹石多集中在下部，常因夹石增厚出现分岔现象

图 2-3 煤层综合柱状图

板取得测试岩样，并制成标准岩石试样，通过试验机对巷道围岩试样进行测试，得到其力学参数。将在矿井取得的岩样运至实验室加工成标准试样（ϕ50 mm×100 mm），使试样的高径比符合 2∶1 的标准。若试样岩性差加工困难，将试块尺寸按比例适当缩小，并满足试验标准和测试要求。抗拉试样加工成厚径比为 1∶2 的规格，即厚度为 25 mm，直径为50 mm，用巴西劈裂法进行测试。

为了保证岩石力学性质和强度的测试精度和可靠性，必须对试样的两个端面进行磨平精加工，使试样的两个端面平行度严格控制在试验要求的范围内，单轴抗压强度试验时端面平行度（或称磨平度）应不大于 0.02 mm，巴西劈裂法间接拉伸试验时端面平行度应不大于 0.25 mm；端面与试样轴线垂直度也应控制在一定范围内，单向拉伸试验时轴线垂直度不大于 0.001 rad 或试样长度为 50 mm 时不大于 0.05 mm，巴西劈裂法间接拉伸试验时轴线垂直度不大于 0.25°；试样的侧面不平度在单轴抗压强度试验时不大于 0.3 mm，巴西劈裂法间接拉伸试验时厚度不平度不大于 0.025 mm。

分别将岩样制备成抗压性能、抗拉性能及抗剪性能测试的标准岩石试样，并对所制成的岩石试样进行分类与编号，岩样编号如图 2-4 所示。

(1) 对顶板岩石试样进行了单轴抗压、抗拉、抗剪试验（图 2-5），得到了煤层顶板围岩的力学参数（表 2-1）。17、19 煤顶板岩性均为细砂岩，强度均较大，单轴抗压强度分别高达 73.33 MPa、77.76 MPa，抗拉强度分别为 6.87 MPa 和 6.24 MPa，内摩擦角均在 37°～38°之间，黏聚力分别为 5.30 MPa 和 5.52 MPa。抗剪试验：剪切角度为 45°时，17、19 煤巷道顶板平均正应力为 15.6 MPa、22.04 MPa，平均剪应力为 15.60 MPa、22.04 MPa；剪切角度为 50°时，17、19 煤巷道顶板平均正应力为 9.94 MPa、12.67 MPa，平均剪应力为 11.84 MPa、

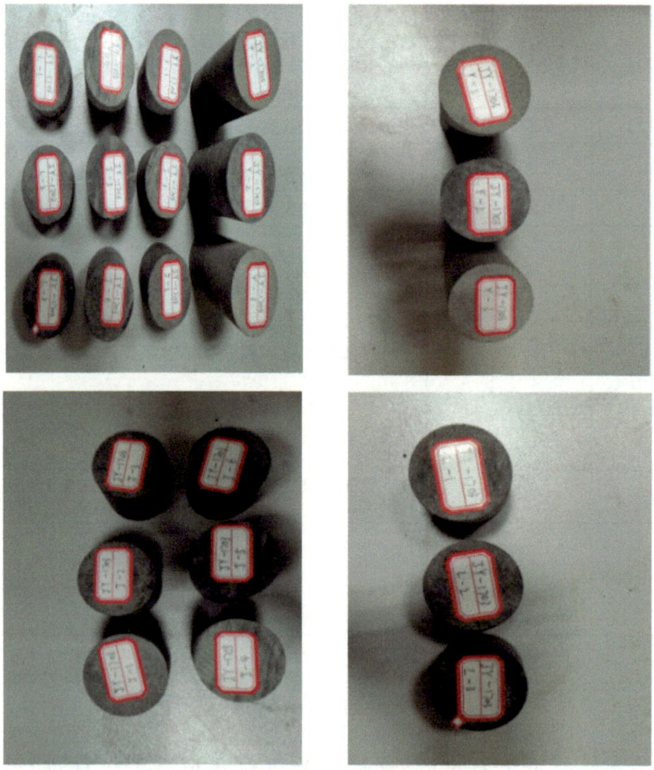

(a) 17煤顶板岩样

图 2-4 标准岩样编号

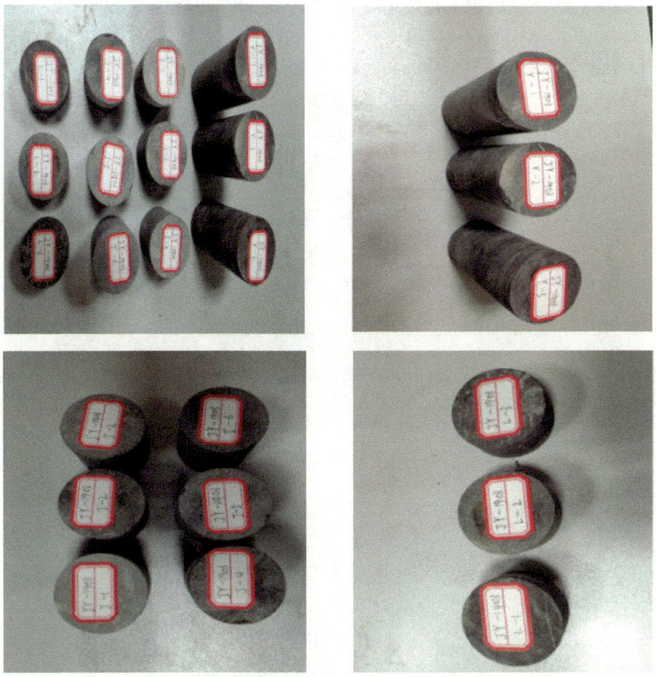

(b) 19煤顶板岩样

图 2-4(续)

15.10 MPa;剪切角度为55°时,17、19煤巷道顶板平均正应力为3.39 MPa、6.75 MPa,平均剪应力为4.84 MPa、9.67 MPa。

(a) 抗压强度测定

图 2-5 试验过程

(b) 抗拉强度测定

(c) 抗剪强度测定

图 2-5(续)

表 2-1 吉源煤矿煤层顶板围岩力学参数

岩层	单轴抗压强度/MPa	抗拉强度/MPa	内摩擦角/(°)	黏聚力/MPa
17 煤顶板	73.33	6.87	37.42	5.30
19 煤顶板	77.76	6.24	37.80	5.52

(2) 采用 X 射线衍射仪对吉源煤矿 11703 及 11903 工作面运输巷顶板岩层进行衍射，测试技术路线如图 2-6 所示，矿物相检索如图 2-7 和图 2-8 所示。11703 工作面运输巷顶板岩样主要由石英、方解石、白云石、锐钛矿和钠长石等多种矿物组成，其中石英的含量为 16.9%、方解石的含量为 13.7%、白云石的含量为 38.3%、锐钛矿的含量为 1.5%、钠长石的含量为 29.6%；11903 工作面运输巷顶板岩样主要由石英、锐钛矿、白云石、方解石和钠长石等多种矿物组成，其中石英的含量为 57.39%、锐钛矿的含量为 6.09%、白云石的含量为 11.88%、方解石的含量为 5.99%、钠长石的含量为 18.66%。

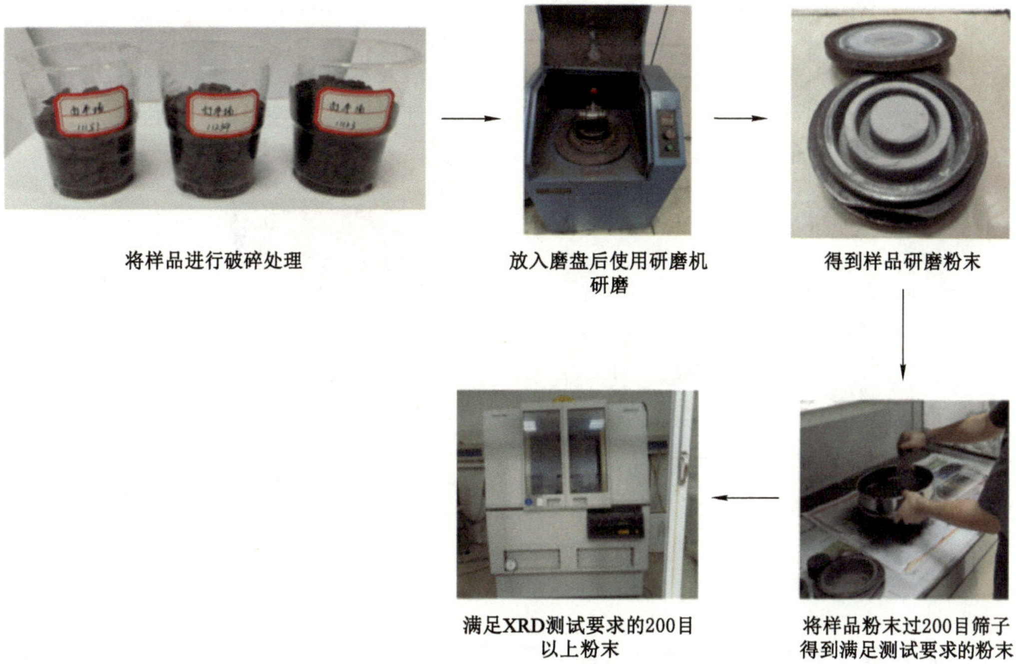

图 2-6　XRD 分析样品前处理技术路线

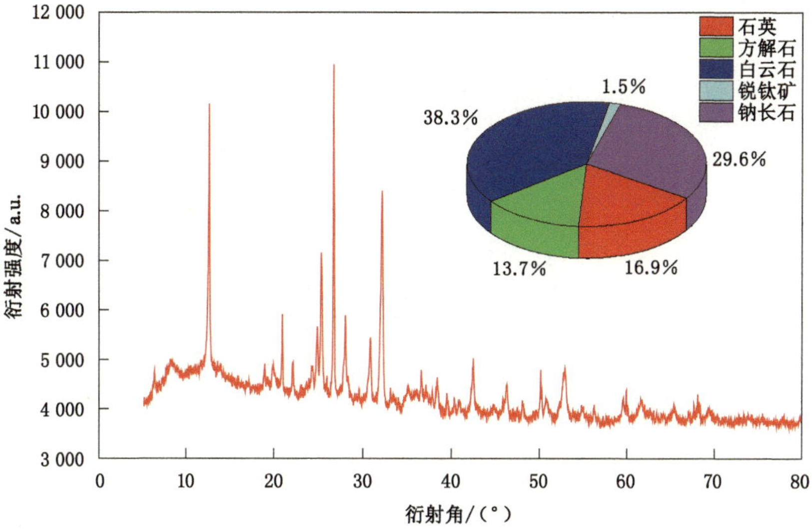

图 2-7　吉源煤矿 11703 工作面运输巷顶板主要化学组成物相检索

2.1.3　底板巷道围岩裂隙分布观测

为探测 17 煤工作面底板巷道围岩裂隙发育情况，在 11903 工作面运输巷前方 30 m、80 m 和 130 m 处的帮部和顶板各布置一个松动圈测试窥视站，将窥视站分别标号为Ⅰ、Ⅱ、

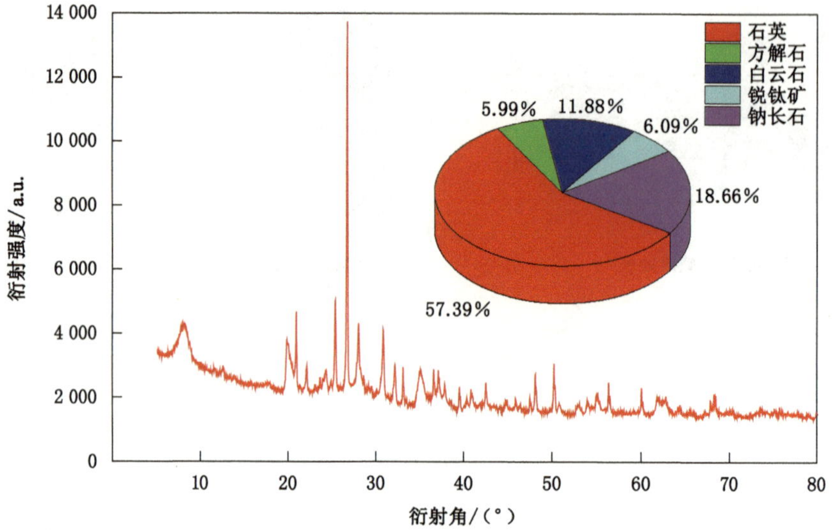

图 2-8　吉源煤矿 11903 工作面运输巷顶板主要化学组成物相检索

Ⅲ，每个测站设 2 个孔，在每个测站顶板中部及帮中部各钻 1 个直径 32 mm 的孔，其布置如图 2-9、图 2-10 所示。

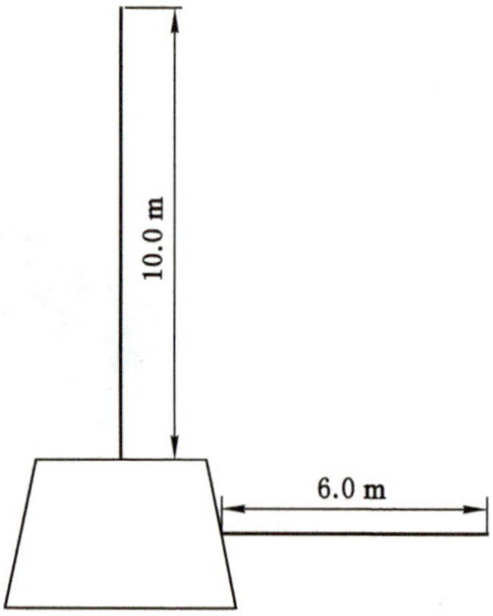

图 2-9　钻孔布置图

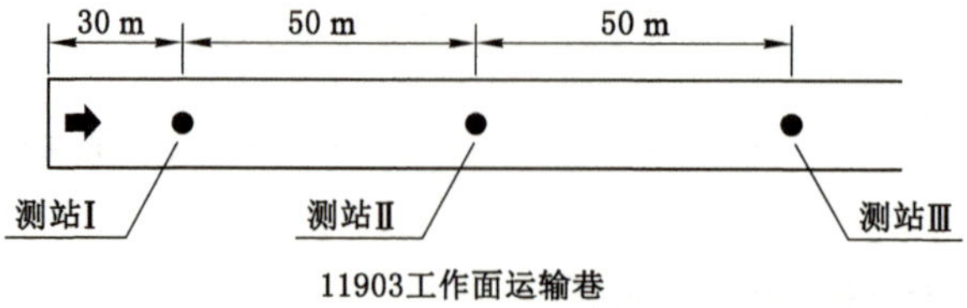

图 2-10　11903 工作面运输巷钻孔窥视测点布置

观测仪器采用CXK12(A)型钻孔三维成像仪,如图2-11所示。CXK12(A)型钻孔三维成像仪的工作原理为:利用钻孔电视数字成像技术观察测量钻孔并生成钻孔三维数字岩心图和钻孔轨迹图。该仪器可用于煤矿观测和定量分析煤层等矿体走向、厚度、倾向、倾角,层内夹矸及顶板岩层的离层裂缝情况等;适用于垂直孔、水平孔和倾斜孔,锚索(杆)孔。探测完毕,上井后及时将图像通过计算机取出。

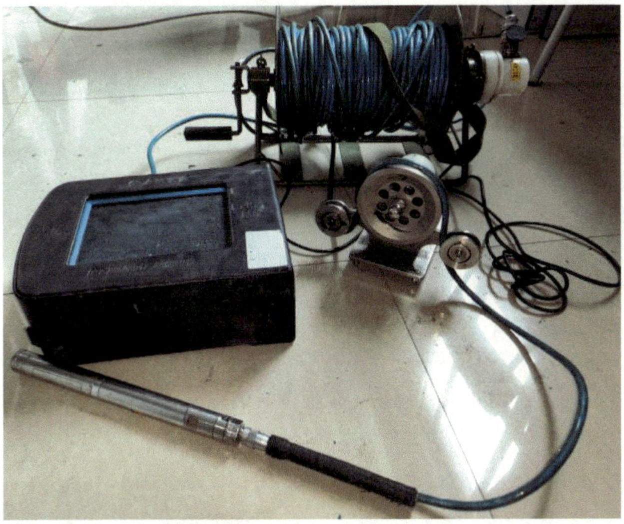

图2-11　CXK12(A)型钻孔三维成像仪

CXK12(A)型钻孔三维成像仪,能实时记录探测深度,通过岩层裂隙可视测量系统软件,能够测量围岩离层、破裂、破碎岩体裂隙的宽度及范围。

主要参数:钻孔直径为25～500 mm,探测深度为0～20 m(标准),测量裂隙精度为0.1 mm。探头直径为22 mm、长度为300 mm、质量为500 g。

(1) 巷道顶板围岩观测分析

对11903工作面运输巷中3个测站的顶板围岩进行了钻孔窥视,观测数据及图像如图2-12、图2-13、图2-14所示。

由图2-12所示的窥视结果可知,钻孔观测深度为0.2 m时,围岩整体极为完整,仅存在1条微小纵向裂隙,裂隙发育长度约为25 cm;钻孔观测深度为2.6 m时,围岩整体极为完整,无明显的横向裂隙,仅存在少量微小纵向裂隙,裂隙发育长度约为30 cm,在观测深度较浅时,11903工作面运输巷顶板Ⅰ号测站围岩并无破碎区域或明显的横向发育裂隙,但围岩中仍存在数量较少的微小纵向裂隙;钻孔观测深度为4.6 m时,围岩中出现了少量明显的横向裂隙,但该区域的围岩仍具有较高的完整性,该裂隙发育长度较短约为15 cm;钻孔观测深度为5.2 m时,存在2条明显纵向裂隙,裂隙发育长度约为40 cm,裂隙发育至5.6 m深度时停止发育。对于Ⅰ号测站顶板围岩裂隙变化,整个观测阶段围岩均具有较高的完整性,无破碎区域,仅在观测深度为4.6 m时存在少量横向裂隙,但在整个观测阶段均存在少量的微小纵向裂隙,因此,得出Ⅰ号测站顶板围岩松动圈范围为0.2～5.6 m。

由图2-13所示的窥视结果可知,观测深度为0.8 m时,围岩整体极为完整,仅存在一条微小纵向裂隙,且该裂隙发育长度极短,仅为10 cm;钻孔观测深度为1.2 m时,围岩部分区

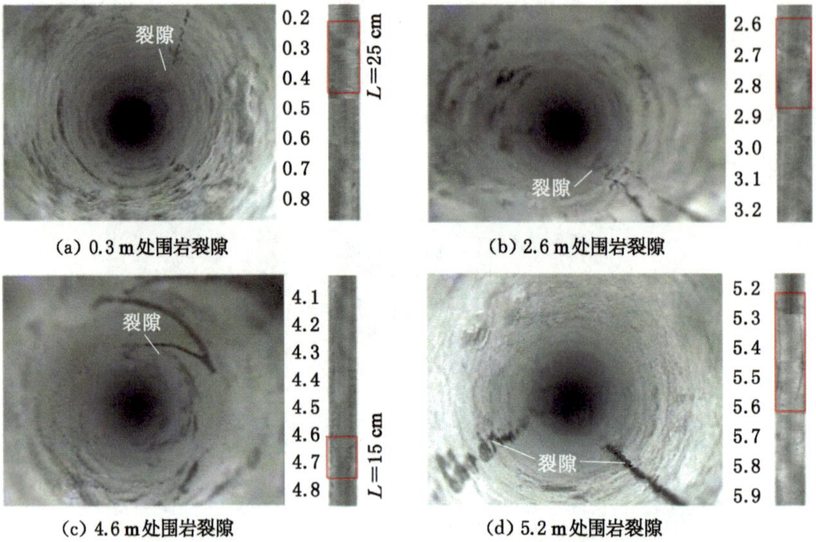

图 2-12　测站Ⅰ顶板围岩裂隙变化情况

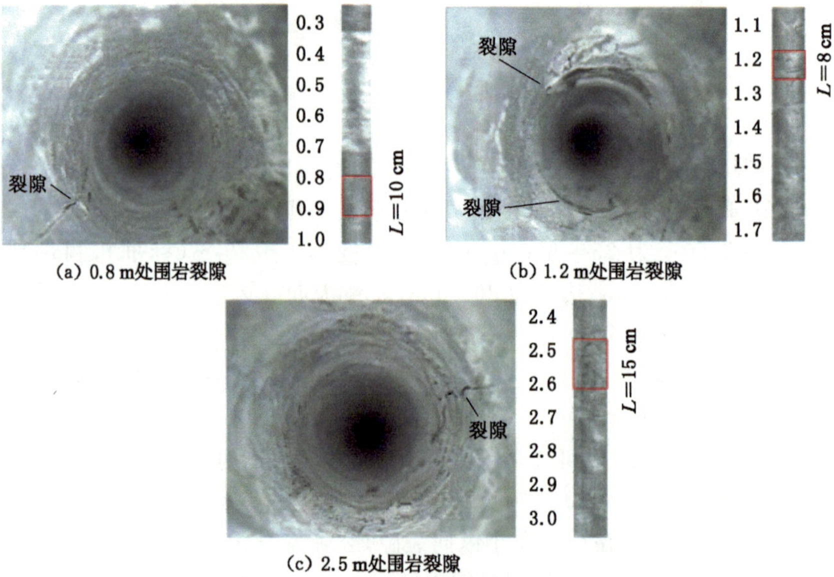

图 2-13　测站Ⅱ顶板围岩裂隙变化情况

域存在破碎情况，但破碎区域较小，且在该破碎区域仅存在少量横向裂隙，因此，该区域围岩整体仍具有一定的完整性；钻孔观测深度为 2.5 m 时，围岩整体极为完整，仅存在一条微小纵向裂隙，且该裂隙发育长度极短，仅为 15 cm。对于Ⅱ号测站顶板围岩裂隙变化，整个观测阶段围岩具有极好的完整性，观测深度小于 2.5 m 时，除了在观测深度为 1.2 m 时出现了小范围的破碎区域，在其他观测深度，围岩仅存在少量的微小纵向裂隙，且纵向裂隙发育长度均较短，因此，得出Ⅱ号测站顶板围岩松动圈范围为 0.8～2.5 m。

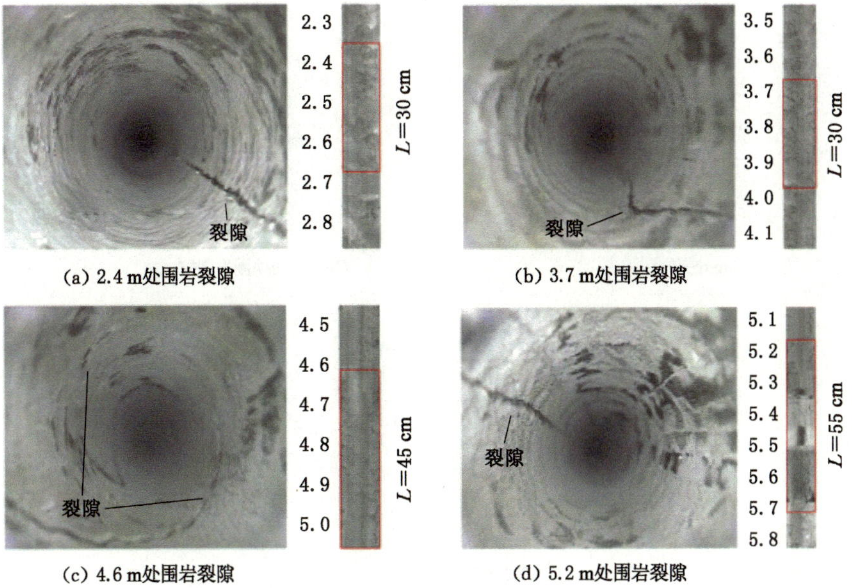

(a) 2.4 m处围岩裂隙　(b) 3.7 m处围岩裂隙

(c) 4.6 m处围岩裂隙　(d) 5.2 m处围岩裂隙

图 2-14　测站Ⅲ顶板围岩裂隙变化情况

由图 2-14 所示的窥视结果可知，观测深度为 2.4 m 时，围岩整体较为完整，仅存在一条明显的纵向裂隙，裂隙发育长度约为 30 cm；观测深度为 3.7 m 时，围岩中存在一条明显的纵向裂隙，裂隙发育长度约为 30 cm；观测深度为 4.6 m 时，出现了少量的横向裂隙与纵向裂隙，且裂隙相互交错贯通，但围岩整体仍具有较高的完整性，裂隙发育长度约为 45 cm；观测深度为 5.2 m 时，未出现横向裂隙发育情况，但出现少量的纵向裂隙，纵向裂隙数量为 3 条，发育长度约为 55 cm。对于Ⅲ号测站顶板围岩裂隙变化，整个观测阶段同以上两个测站的观测结果具有较高的相似性，整体上围岩均具有较高的完整性，均未出现大范围的离层破碎区域，但在整个观测阶段，在观测深度较大处的围岩中仍存在一定数量的纵向裂隙，因此，得出Ⅲ号测站顶板围岩松动圈范围为 2.4～5.7 m。

(2) 巷道帮部围岩观测分析

对 11903 工作面运输巷中 3 个测站的帮部围岩进行了钻孔窥视，观测数据及图像如图 2-15、图 2-16、图 2-17 所示。

由图 2-15 所示的窥视结果可知，钻孔观测深度为 0.3 m 时，帮部围岩极为完整，帮部围岩存在一条长度约为 0.3 m 的微小纵向裂隙；钻孔观测深度为 1.7 m 时，围岩极为完整，仅存在一条纵向裂隙，裂隙发育长度约为 30 cm；钻孔观测深度为 2.3 m 时，围岩极为完整，仅存在一条微小纵向裂隙，但该裂隙发育长度较长，约为 55 cm。对于Ⅰ号测站帮部围岩裂隙变化，整个观测阶段仅存在数量较少的微小裂隙，围岩整体极为完整，未出现发育的横向裂隙及破碎区域，因此，得出Ⅰ号测站帮部围岩松动圈范围为 0.3～2.3 m。

由图 2-16 所示的窥视结果可知，钻孔观测深度为 0.3～0.8 m 时，该区域围岩裂隙较为发育，并伴随着大量的横向裂隙，围岩整体较为破碎，但未出现离层区域；钻孔观测深度为 1.3 m 时，围岩整体极为完整，仅存在一条纵向微小裂隙，但该裂隙发育长度极长，该裂隙由深度 1.3 m 处产生，发育至深度为 4.5 m 时停止，裂隙长度约为 3.2 m；钻孔观测深度为

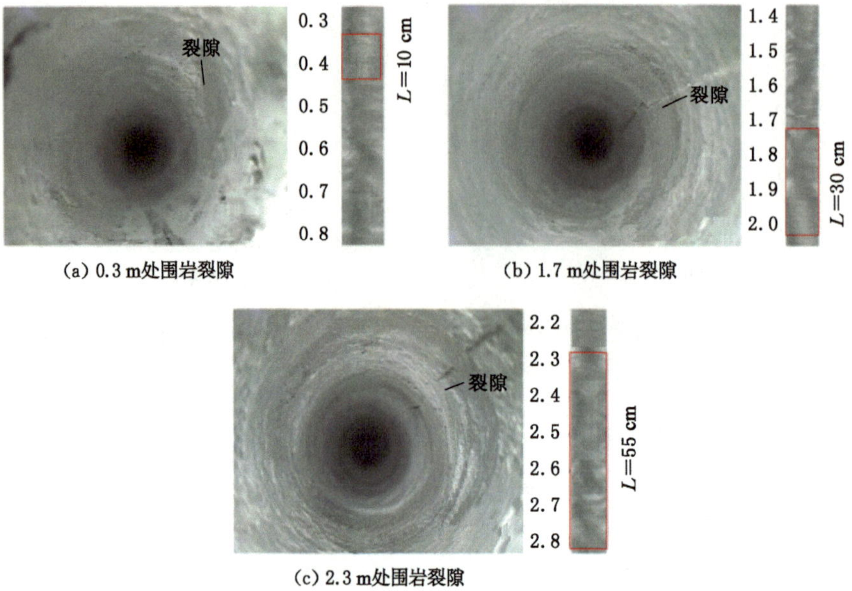

(a) 0.3 m处围岩裂隙　(b) 1.7 m处围岩裂隙

(c) 2.3 m处围岩裂隙

图 2-15　测站Ⅰ帮部围岩裂隙变化情况

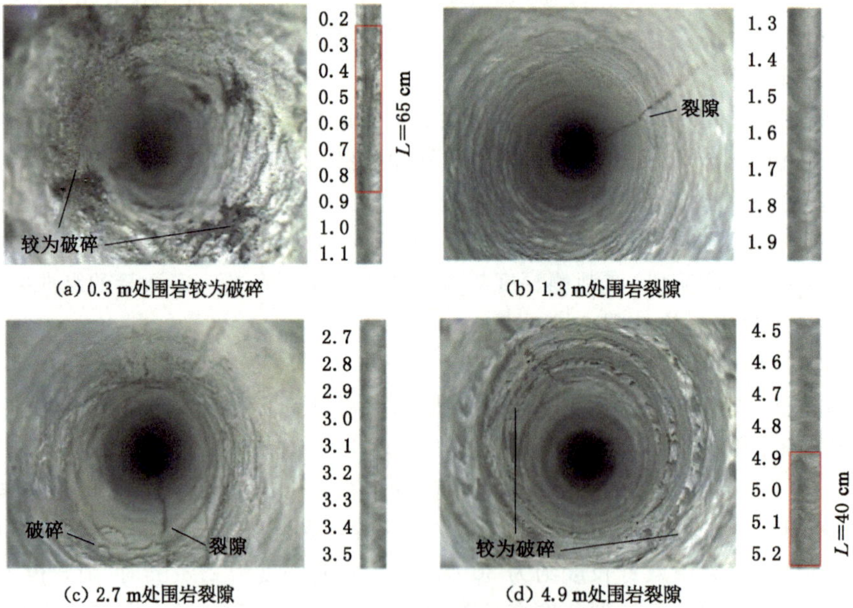

(a) 0.3 m处围岩较为破碎　(b) 1.3 m处围岩裂隙

(c) 2.7 m处围岩裂隙　(d) 4.9 m处围岩裂隙

图 2-16　测站Ⅱ帮部围岩裂隙变化情况

2.7 m 时，围岩整体较为完整，该处存在一条纵向裂隙与小范围的破碎区域；随着钻孔深度的继续增加直至达到 4.9 m 时，观测钻孔内部出现了数量较多的横向裂隙，且横向裂隙发育范围较广，钻孔观测深度 4.9～5.2 m 为横向裂隙的主要发育区域，因此，得出Ⅱ号测站帮部围岩松动圈范围为 0.3～5.2 m。

由图 2-17 所示的窥视结果可知,观测深度为 0.3 m 时围岩内部较为破碎,存在小范围的离层破碎区域,该位置破碎区域内均伴随大量的横向裂隙,平均破碎区域范围达 13 cm 左右;观测深度为 2.4 m 时围岩内部存在数条微小纵向裂隙,围岩整体完整,纵向裂隙数量为 5 条,但裂隙发育长度较短,约为 20 cm;观测深度为 3.0 m 时钻孔内部观测到小范围的破碎区域,破碎区域范围约为 15 cm,但围岩整体仍较为完整;观测深度为 4.4 m 时围岩内部存在纵向裂隙与横向裂隙,裂隙数量较少,发育长度较短,约为 10 cm。对于Ⅲ号测站帮部围岩裂隙变化,围岩整体较为完整,在观测深度为 0.3 m 与 3.0 m 时出现了小范围的破碎区域,其中观测深度为 0.3 m 时的破碎区域裂隙发育程度高,并出现了离层现象,在整个观测阶段围岩裂隙发育程度为由高到低再增高再降低的过程,因此,得出Ⅲ号测站帮部围岩松动圈范围为 0.3～4.4 m。

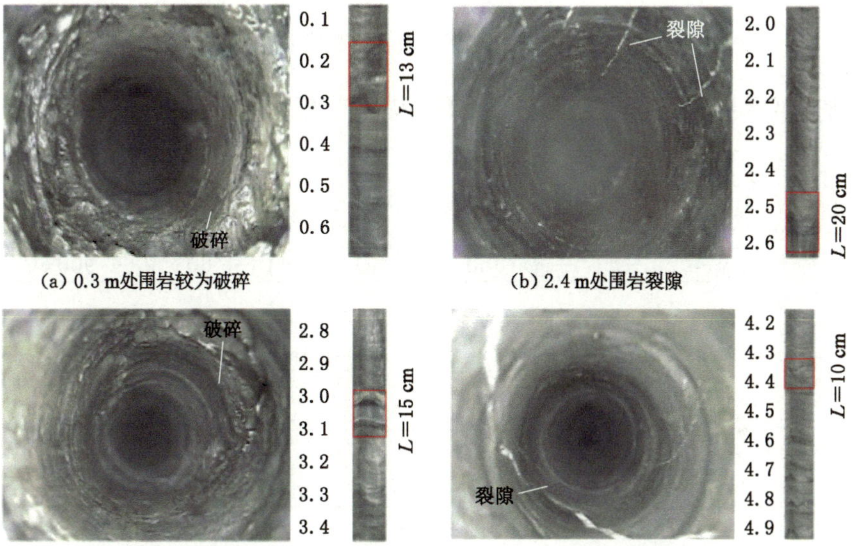

(a) 0.3 m处围岩较为破碎　(b) 2.4 m处围岩裂隙

(c) 3.0 m处围岩较为破碎　(d) 4.4 m处围岩裂隙

图 2-17 测站Ⅲ帮部围岩裂隙变化情况

2.2 采动作用下底板岩层应力分布规律

由前节分析可知,虽然吉源煤矿跨采工作面底板破坏范围并没有直接波及其下方的上山巷道,但是工作面的推采将不可避免地造成底板采动应力的变化;为分析采动应力对上山巷道的影响,需要对采动应力在底板的传播规律进行分析。

2.2.1 跨采工作面底板采动应力分布规律

目前国内已经有大量的研究成果对工作面的底板采动应力进行了分析,其分析的简化力学模型如图 2-18 所示。

此力学模型为业内公认,且通过此力学模型所得出的工作面底板采动应力分布规律相似,因此,本方案对经典理论不做详述,根据文献《采场底板应力传播规律及其对底板巷道稳

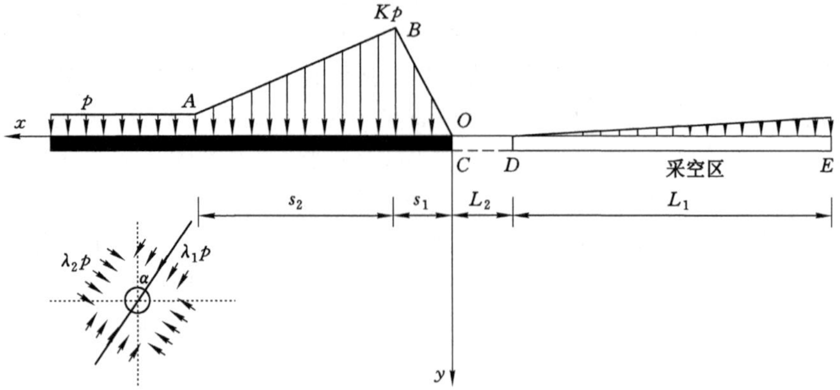

图 2-18　工作面前后支承压力分布

定性影响研究》(张华磊著),工作面底板垂直应力、水平应力以及剪切应力分布见式(2-1)至式(2-3)。

$$\sigma_{x1}(y)=-\frac{2}{\pi}\int_{-30}^{0}\frac{(-0.05\xi)x^3}{[x^2+(y-\xi)^2]^2}\mathrm{d}\xi=-0.0159[x+y\arctan(xy)]+0.0159\times\left[\frac{30xy+x^3+xy^2+y\arctan(30+y)x+y^3V_1+60y^2V_1+900yV_1}{V_2}\right] \tag{2-1}$$

$$\sigma_{y1}(y)=0.0159x[1+\ln(x^2+y^2)-0.0159y\arctan\frac{y}{x}-0.0159\times\left[\frac{30xy+x^3+xy^2-y\arctan(30+y)x-y^3V_1-60y^2V_1}{V_2}+\frac{-900yV_1+x^3\ln V_2+x^2\ln(V_2y^2)+60x\ln(V_2y)+900x\ln V_2}{V_2}\right] \tag{2-2}$$

$$\tau_1(y)=0.0159x\arctan\left(\frac{y}{x}\right)-0.0159x\cdot\left[\frac{-30x+\arctan(30-y)x+y^2V_1+60yV_1+900V_1}{V_2}\right] \tag{2-3}$$

式中　$V_1=\arctan\left(\frac{30+y}{x}\right),V_2=x^2+y^2+60y+900$

根据式(2-1)至式(2-3),可得工作面底板采动应力分布规律,如图 2-19 所示。

由图 2-19(a)可知某点的垂直应力:$\sigma=1-\sigma_x$,工作面后方 80 m 内的采空区下方为应力降低区,其中工作面后方 10 m 范围内底板,在其深度为 0～5 m 范围内垂直应力接近 0;随着煤层底板深度的增加,垂直应力也呈曲线趋势增加,采空区下方 25 m 处的垂直应力为其原岩应力的 1/4;在工作面煤壁前方 5～15 m 范围内的底板岩层内,3～5 m 深处应力增高系数为 1.933,10 m 深处为 1.8,15 m 深处为 1.7 左右,20 m 深处则为 1.5 左右。可见,上覆工作面采动引起的垂直应力峰值随着埋深的增加逐渐远离工作面,且应力增高系数随着埋深的增加逐渐递减。在工作面煤壁前方底板岩层 50 m 范围内会形成应力增高区,而采空区下方底板浅部岩层形成应力降低区。随工作面推进,底板岩层垂直应力会急剧增加而后急剧卸压,在铅直方向产生压缩和膨胀。

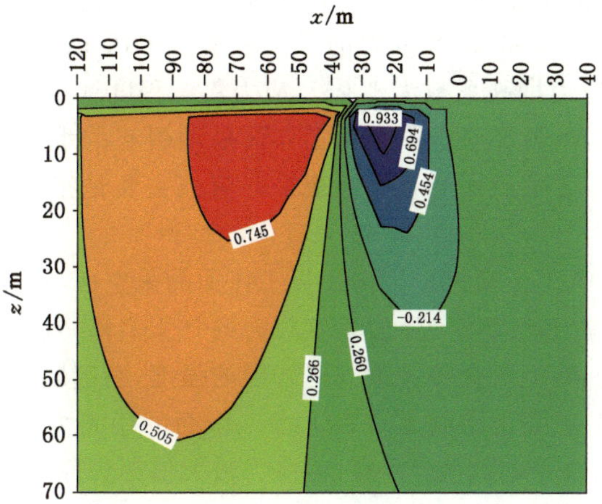

(a) 垂直应力云图

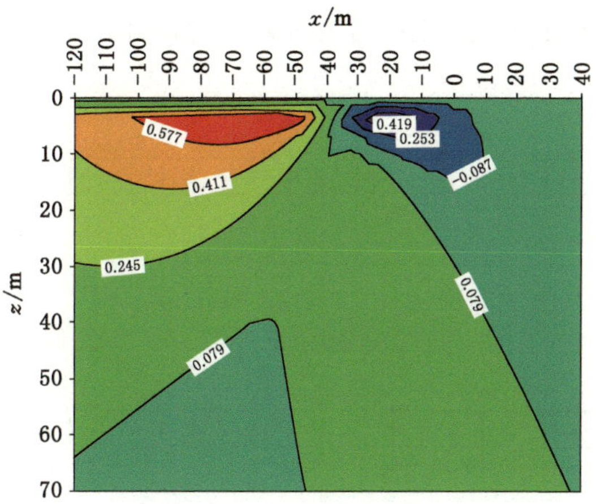

(b) 水平应力云图

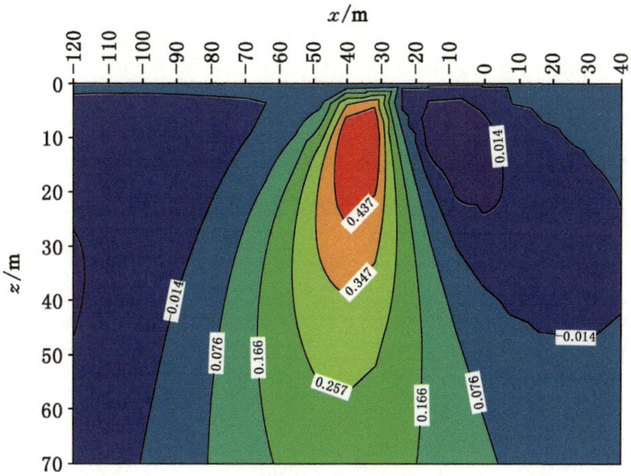

(c) 剪切应力云图

图 2-19　工作面底板采动应力分布规律

由图 2-19(b)可知，沿工作面推进方向工作面后方采空区底板浅部水平应力也呈卸压状态，工作面煤壁前方 10～20 m 范围内的煤柱底板 0～10 m 深处水平应力增高系数为 1.419，底板 20 m 深处应力增高系数为 1.087，应力集中程度远小于沿工作面推进方向煤体下的垂直应力集中程度，可见在底板中上覆工作面采动引起的水平应力对底板巷道围岩稳定性的影响很小，因此本方案后面所说的底板采动应力主要是指由上覆工作面采动而在底板中产生的垂直应力。

由图 2-19(c)可知，沿工作面推进方向靠近工作面的采空区下方以及工作面煤壁前方的底板内出现剪应力，剪应力最大值为原岩垂直应力的 0.437 倍，且剪应力等值线呈气泡形分布，向采空区下方倾斜。剪应力会极大地削弱岩层的强度，引起底板的破坏。

综上所述，吉源煤矿三条上山巷道与其上方工作面的距离为 25 m，其垂直应力增高系数约为 1.5，水平应力增高系数约为 1.087，剪应力最大值约为原岩垂直应力的 0.437 倍。

2.2.2 工作面支承压力在底板中的分布规律

为分析支承压力在底板的传播规律，对采动应力的分布作出一定的简化，如图 2-20 所示。

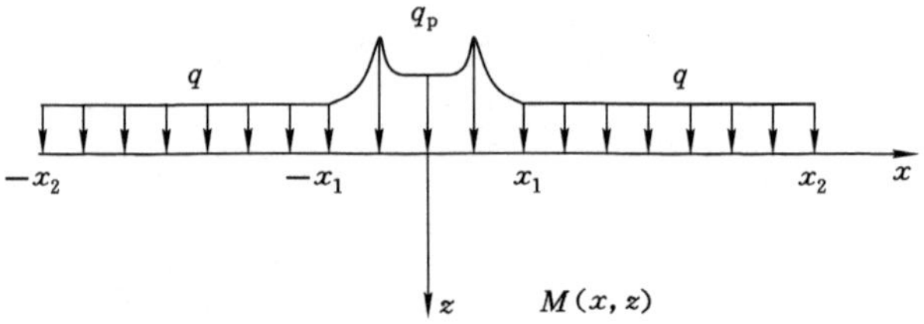

(a) 实际分布

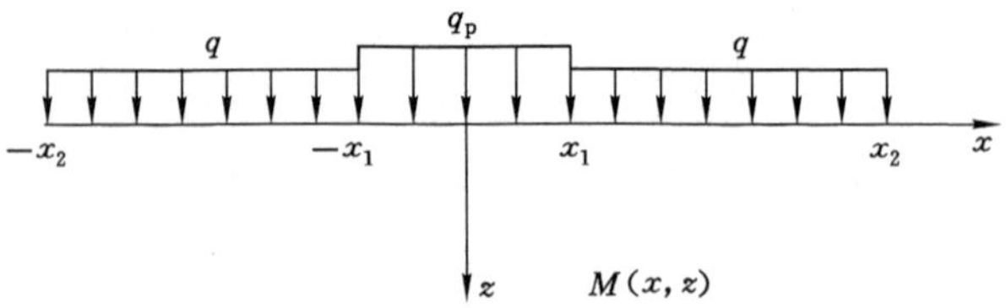

(b) 简化分布

图 2-20 底板应力分布力学模型

基于弹性力学中叠加原理对图 2-20 中力学模型进行求解：

$(-x_2, x_2)$ 范围内的条形均布载荷 q 在煤柱底板岩层内任意一点 $M(x,z)$ 处引起的应力分量为：

$$\sigma_{x2} = \frac{q_0 H}{\pi}\left\{\arctan\frac{x_2+x}{z}+\arctan\frac{x_2-x}{z}+\frac{2x_2 z(x^2-z^2-x_2^2)}{[(x_2+x)^2+z^2][(x_2-x)^2+z^2]}\right\} \tag{2-4}$$

$$\sigma_{z2} = \frac{q_0 H}{\pi}\left\{\arctan\frac{x_2+x}{z}+\arctan\frac{x_2-x}{z}-\frac{2x_2 z(x^2-z^2-x_2^2)}{[(x_2+x)^2+z^2][(x_2-x)^2+z^2]}\right\} \tag{2-5}$$

$$\tau_{xz2} = \frac{q_0 H}{\pi}\frac{4x_2 x z^2}{[(x_2+x)^2+z^2][(x_2-x)^2+z^2]} \tag{2-6}$$

$(-x_1, x_1)$ 范围内的条形均布载荷 $q_p - q$ 在煤柱底板岩层内任意一点 $M(x,z)$ 处引起的应力分量为：

$$\sigma_{x1} = \frac{(q_p - q_0)H}{\pi}\left\{\arctan\frac{x_1+x}{z} + \arctan\frac{x_1-x}{z} + \frac{2x_1z(x^2-z^2-x_1^2)}{[(x_1+x)^2+z^2][(x_1-x)^2+z^2]}\right\} \tag{2-7}$$

$$\sigma_{z1} = \frac{(q_p - q_0)H}{\pi}\left\{\arctan\frac{x_1+x}{z} + \arctan\frac{x_1-x}{z} - \frac{2x_1z(x^2-z^2-x_1^2)}{[(x_1+x)^2+z^2][(x_1-x)^2+z^2]}\right\} \tag{2-8}$$

$$\tau_{xz1} = \frac{(q_p - q_0)H}{\pi}\frac{4x_1xz^2}{[(x_1+x)^2+z^2][(x_1-x)^2+z^2]} \tag{2-9}$$

由叠加原理可得：

$$\sigma_x = \sigma_{x1} + \sigma_{x2} = \frac{(q_p - q_0)H}{\pi}\left\{\arctan\frac{x_1+x}{z} + \arctan\frac{x_1-x}{z} + \frac{2x_1z(x^2-z^2-x_1^2)}{[(x_1+x)^2+z^2][(x_1-x)^2+z^2]}\right\} + \frac{q_0H}{\pi}\left\{\arctan\frac{x_2+x}{z} + \arctan\frac{x_2-x}{z} + \frac{2x_2z(x^2-z^2-x_2^2)}{[(x_2+x)^2+z^2][(x_2-x)^2+z^2]}\right\} \tag{2-10}$$

$$\sigma_z = \sigma_{z1} + \sigma_{z2} = \frac{(q_p - q_0)H}{\pi}\left\{\arctan\frac{x_1+x}{z} + \arctan\frac{x_1-x}{z} - \frac{2x_1z(x^2-z^2-x_1^2)}{[(x_1+x)^2+z^2][(x_1-x)^2+z^2]}\right\} + \frac{q_0H}{\pi}\left\{\arctan\frac{x_2+x}{z} + \arctan\frac{x_2-x}{z} - \frac{2x_2z(x^2-z^2-x_2^2)}{[(x_2+x)^2+z^2][(x_2-x)^2+z^2]}\right\} \tag{2-11}$$

$$\tau_{xz} = \tau_{xz1} + \tau_{xz2} = \frac{(q_p - q_0)H}{\pi}\frac{4x_1xz^2}{[(x_1+x)^2+z^2][(x_1-x)^2+z^2]} + \frac{q_0H}{\pi}\frac{4x_2xz^2}{[(x_2+x)^2+z^2][(x_2-x)^2+z^2]} \tag{2-12}$$

式(2-10)至式(2-12)分别为煤柱支承压力作用下底板水平应力、垂直应力以及剪应力分布的计算公式。采用 Matlab 软件计算不同煤柱支承压力作用下的垂直应力分布，结果如图 2-21 所示。

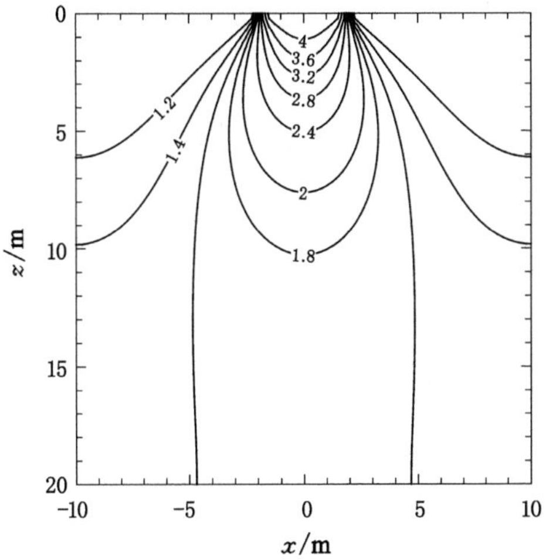

(a) q_p=2 MPa

图 2-21　煤层群开采底板应力分布特征(单位：MPa)

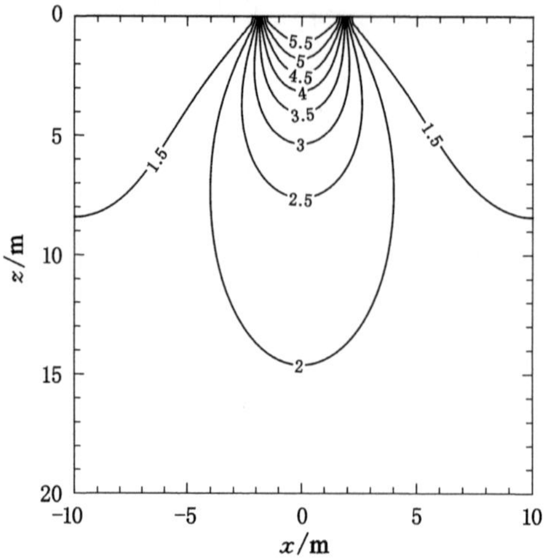

(b) q_p=2.5 MPa

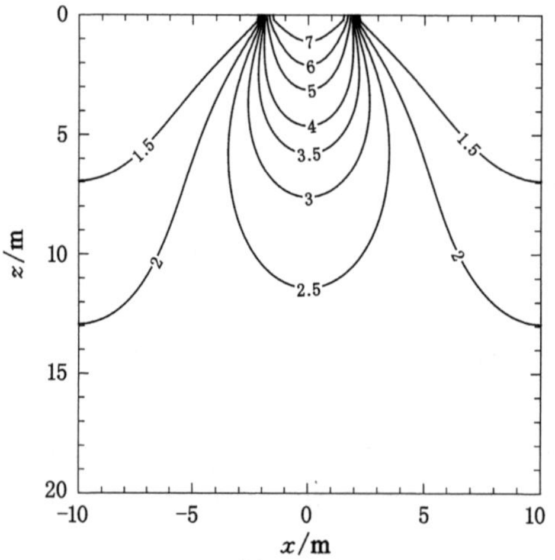

(c) q_p=3 MPa

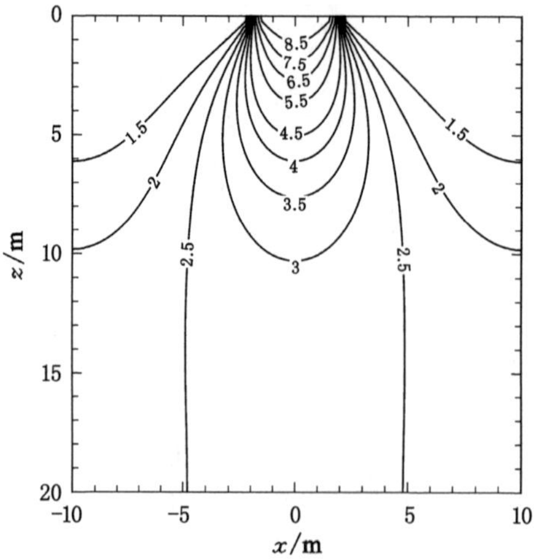

(d) q_p=3.5 MPa

图 2-21(续)

从图 2-21 中可以看出，−2～2 m 为煤柱应力集中区。由图 2-21 可知：

① 煤柱支承压力在底板岩层内以压力泡的形式向外扩展，且随远离煤柱集中应力逐渐衰减；

② 随着煤柱支承压力升高，底板同一位置处垂直应力增高，以 3 MPa 等应力线的最大深度为例，支承压力介于 2～3.5 MPa 时，由底板深度 3 m 位置逐渐下降到 10.5 m 位置；

③ 不同支承压力作用下，垂直应力随着深度的增加而递减。

2.2.3 采动作用下底板岩层破坏深度

工作面在推进过程中受采动影响，其底板岩层会发生加卸载，并产生破坏。同时，底板巷道的开掘同样会造成其围岩破坏。因此，在跨采过程中应特别注意防止上方工作面推进所造成的底板破坏范围波及下方巷道围岩松动圈范围，并保留一定的承载层厚度，如图 2-22 所示。

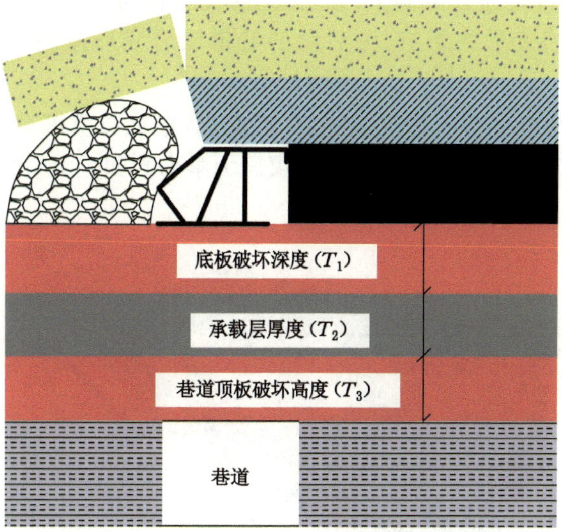

图 2-22 底板破坏深度计算示意图

应用断裂力学和塑性力学理论，可以得出底板破坏深度的理论计算公式：

$$T_1 = \frac{1.57\gamma^2 H^2 L}{4\sigma_t^2} \tag{2-13}$$

式中 γ——底板岩体平均重度，MN/m^3；

H——采深，m；

L——壁式工作面斜长，m；

σ_t——岩体抗拉强度，MPa。

$\gamma = 0.025\ MN/m^3$，11703、11706 工作面采深为 80～120 m，取平均采深 $H = 100$ m，$L = 190$ m，$\sigma_t = 6.24$ MPa，代入式(2-13)可得 $T_1 = 11.97$ m。

根据普氏地压学说，巷道顶板破坏高度 T_3 可按式(2-14)计算：

$$T_3 = \frac{5a(1-\sin\varphi)}{C\cos\varphi} \tag{2-14}$$

式中 a——巷道的半宽，m；

C——岩体的黏聚力，MPa；

φ——岩体的内摩擦角，(°)。

将 $a=2$ m，$C=5.41$ MPa，$\varphi=37.8°$代入式(2-14)可得 $T_3=0.91$ m；而根据钻孔窥视结果，吉源煤矿上山巷道顶板破坏深度一般为 0.3～5.2 m。

由于 17 煤与上山巷道垂距为 25 m，大于 11.97 m+5.2 m=17.17 m，因此，17 煤工作面推采并不会直接导致三条上山巷道围岩破坏。

2.3 跨采工作面对底板巷道影响数值分析

2.3.1 跨采工作面模拟方案

采用 FLAC3D 软件建立数值模型，分析 17 煤工作面跨下方上山群开采时矿山压力传递规律以及对巷道围岩变形的影响，为后续的巷道围岩变形控制以及支护设计提供参考依据。

根据工作面和巷道空间分布情况，经过合理简化，建立数值模型，最终所建立模型尺寸为 600 m×180 m×150 m，如图 2-23 所示。煤岩力学参数如表 2-2 所示。

图 2-23 数值模型图

表 2-2 煤岩力学参数

岩层	密度/(kg/m³)	体积模量/GPa	剪切模量/GPa	内摩擦角/(°)	黏聚力/MPa	抗拉强度/MPa
泥质粉砂岩	2 440	3.88	2.91	37.42	5.30	6.87
煤层	1 400	1.66	1.52	33.00	3.00	0.65
泥岩	2 330	2.77	2.08	30.20	4.20	5.23
粉砂岩	2 560	7.14	4.91	37.80	5.52	6.24

根据 17 煤和下方上山巷道层位分布情况，得出三条上山巷道与 17 煤相对位置关系，如图 2-24 所示。

(a) 立体图

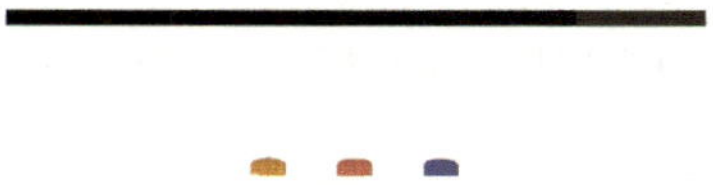

(b) 剖面图

图 2-24 17 煤和上山巷道相对位置关系

在数值模拟过程中，17 煤工作面推进并跨越上山巷道，分析跨采过程中最大主应力的变化情况。17 煤推进不同距离时，工作面与上山巷道位置关系如图 2-25 所示。同时，为进一步量化巷道围岩应力变化情况，选取三条上山巷道围岩中的测点进行分析，测点布置如图 2-26 所示。

(a) 工作面距巷道25 m（推进位置1）

(b) 工作面推至巷道边界位置（推进位置2）

图 2-25 开采方案

(c) 工作面推至巷道上方(推进位置3)

(d) 工作面推出巷道15 m位置(推进位置4)

图 2-25(续)

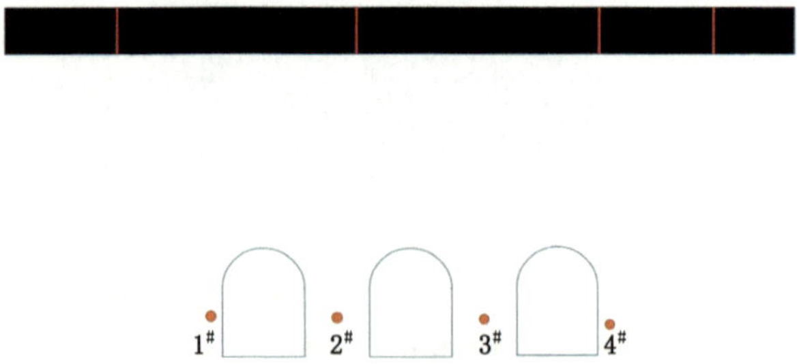

图 2-26　应力监测点布置图

2.3.2　17 煤跨采过程中底板巷道应力变化

跨上山开采过程中不同推进距离下垂直应力演化如图 2-27 所示。17 煤工作面前方煤体受超前支承压力影响,应力集中显著,应力集中系数 K 为 3 左右;随着工作面不断推进,距巷道水平距离越来越小,集中应力在底板岩层中进行传递后与上山巷道围岩集中应力叠加,导致巷道围岩应力增加,然而由于 19 煤及 17 煤巷道围岩条件较好,在工作面逐一跨越上山巷道后,三条上山巷道围岩并未出现明显的应力卸载现象,这说明工作面推进虽然导致采动集中应力向工作面底板传播,但并未引起巷道围岩的明显破坏。

上山巷道围岩各测点应力变化见表 2-3,巷道开挖后 1# 测点和 4# 测点处于应力集中区,应力均为 7.40 MPa,2# 测点和 3# 测点应力相对较低,为 5.7 MPa 左右;工作面距巷道 25 m(推进位置 1)时,巷道围岩各测点已经受到应力传递影响,1#—4# 测点的垂直应力分别增加 11.5%、2.8%、6.3%、15.5%;工作面推进至巷道边界(推进位置 2)时,2#、3# 测点垂直应力继续升高;工作面继续推进(推进位置 3),3# 测点和 4# 测点处于采空区下发生卸压,1# 测点和 2# 测点垂直应力变化不大;至工作面推出巷道后,所有测点均发生卸压。

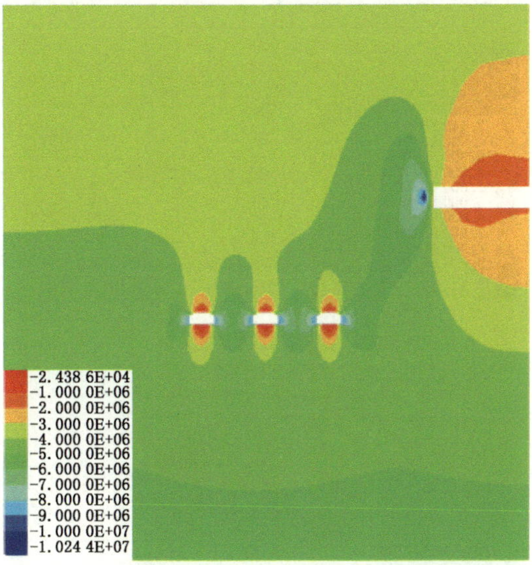

(a)

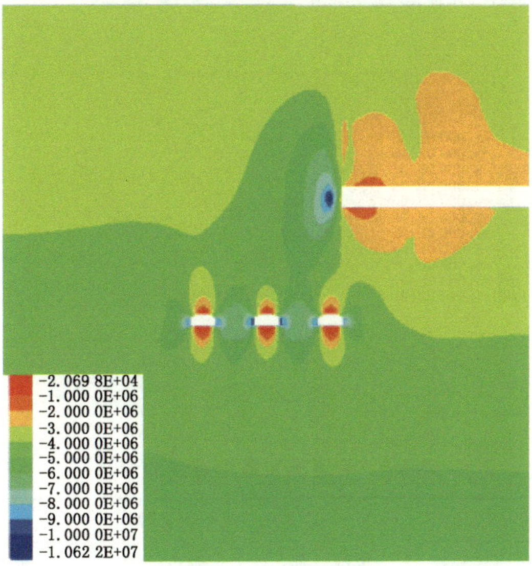

(b)

图 2-27 垂直应力演化图

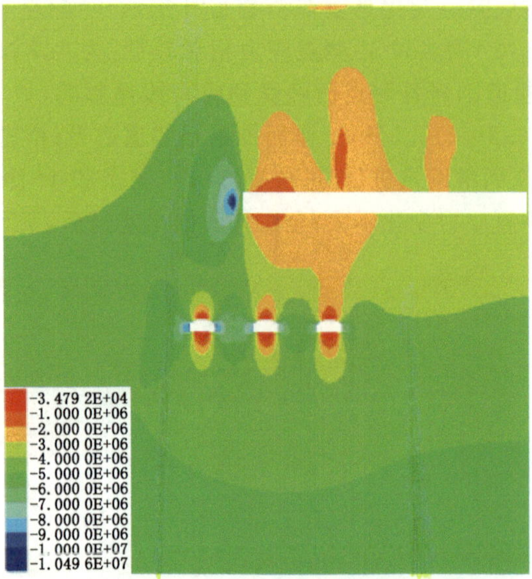

(c)

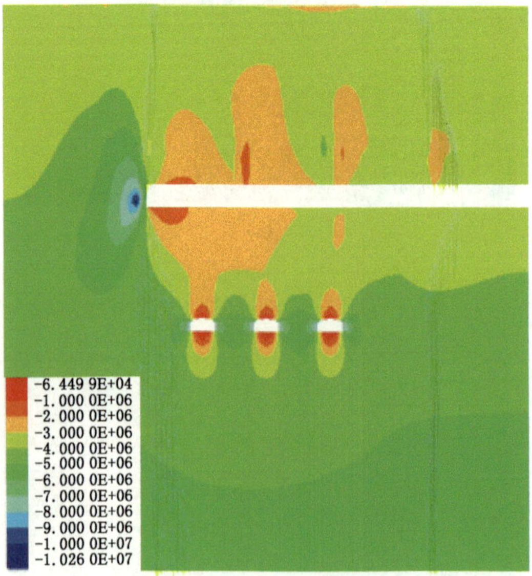

(d)

图 2-27(续)

表 2-3 巷道围岩各测点应力变化

测点	应力/MPa				
	工作面未开挖	推进位置 1	推进位置 2	推进位置 3	推进位置 4
1# 测点	7.40	8.25	7.59	7.96	7.07
2# 测点	5.79	5.95	6.34	6.21	5.17
3# 测点	5.74	6.10	6.22	5.24	5.23
4# 测点	7.40	8.55	8.09	6.97	6.86

综上，工作面跨上山巷道开采过程中，巷道围岩应力变化与距工作面位置远近有关。工作面跨上山开采虽有超前支承压力影响，但受传递衰减效应影响，巷道围岩应力增长幅度不大，通过采取巷道加强支护等方式可以保证巷道围岩稳定性。

2.3.3 17 煤跨采过程中底板巷道塑性区变化

当巷道与工作面端头垂直距离为 25 m 时，巷道围岩表面位移和塑性区半径随工作面与巷道水平距离的变化曲线，如图 2-28 所示。巷道处于工作面推进方向前方 20～30 m 范围时，巷道围岩变形量和塑性区范围变化缓慢，巷道围岩表面位移为 133～196 mm，围岩塑性区半径为 2.97～3.51 m。当巷道与工作面端头水平距离小于 20 m 时，巷道围岩表面位移与塑性区半径均快速增加。当巷道与工作面端头水平距离为 10 m 时巷道围岩变形量和塑性区范围达到最大值，此时巷道表面位移为 418 mm，塑性区半径为 4.59 m。由此可以得出，底板巷道受采动应力影响将发生大幅度的变形破坏，要在工作面与巷道水平距离大于 20 m 时采取有效的补强支护方式。

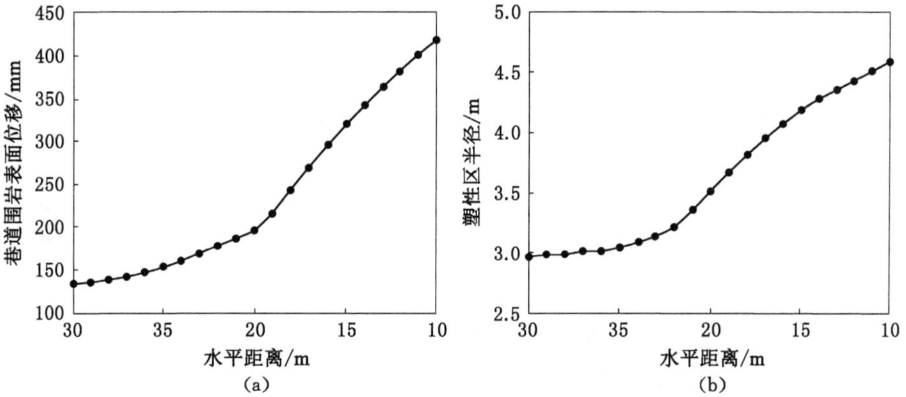

图 2-28 巷道围岩表面位移和塑性区半径变化曲线

2.4 本章小结

(1) 17 煤开采其底板破坏深度为 7.56 m，实测底板上山巷道的顶板破坏高度为 0.3～3.8 m，17 煤与底板上山巷道的垂距为 25 m，因此，17 煤工作面推进不会直接导致巷道围岩的破坏。

(2) 在工作面逐一跨越上山巷道后，三条上山巷道围岩并未出现明显的应力卸载现象，说明工作面推进虽然导致采动集中应力向工作面底板传播，但并未引起巷道围岩的明显破坏。

(3) 工作面跨上山巷道开采过程中，巷道围岩应力变化与距工作面位置远近有关。工作面跨上山开采虽有超前支承压力影响，但受传递衰减效应影响，巷道围岩应力增长幅度不大，通过采取巷道加强支护等方式可以保证巷道围岩稳定性。

3 强采动作用下底板巷道应力转移技术

在第 2 章有关跨采工作面底板采动应力传递规律研究的基础上，进一步探讨强采动作用下底板巷道应力转移技术具有重要的工程意义。强采动作用下，底板巷道承受的应力分布更加复杂，尤其是在采动应力叠加和传递过程中，底板岩层易发生大范围变形和破坏，严重威胁巷道的稳定性。通过应力转移技术，可以有效缓解底板巷道的应力集中现象，改善围岩的受力状态。具体措施包括优化巷道布置、采用高强度支护材料、实施注浆加固以及合理控制开采顺序等。这些技术手段能够将采动应力向更稳定的岩层转移，减少巷道围岩的变形和破坏，从而提升巷道的整体稳定性，为煤矿安全高效开采提供有力保障。

3.1 巷道应力转移技术方案选择

巷道围岩性质、应力状态和支护技术是影响巷道稳定性的主要因素，矿井进入千米及以下开采后，巷道围岩应力集中程度升高，顶底板运动剧烈程度增强，巷道出现大变形失稳甚至冲击地压的可能性增大。现阶段国内外学者针对改变围岩性质和加强支护技术方面做了大量的研究工作，但对于高应力巷道而言仅从这两个方面采取措施仍达不到较好的效果。基于此，从改善围岩应力状态的角度出发，提出围岩应力转移技术。应力转移技术最早起源于 20 世纪 60 年代的苏联，在世界主要的采矿国家如美国、俄罗斯、德国等均有一定程度的应用和发展。

卸压技术作为一种应力转移方法在煤矿领域应用较多，其实现的技术手段主要是在巷道内外区域进行卸压，还有一种就是工作面跨采卸压。应力转移的作用机制是对高应力矿井采用人工干预手段，如切缝卸压、钻孔卸压、爆破卸压及水力压裂卸压等促使浅部巷道围岩的高应力向深部转移，改变应力水平以及作用位置，进而实现减小巷道变形的目的。

钻孔卸压作为一种冲击地压矿井主要的解危措施，在德国巷道支护中首次得到应用，其操作简单，但是施工必须使用远距离操作的钻机，且对钻孔尺寸和孔间参数要求比较严格，在国内学者的不断探索下取得了一定的研究成果。马斌等针对冲击地压巷道展开研究，认为巷道围岩应力状态是诱发冲击地压的关键因素，提出采用钻孔卸压技术降低巷道高应力水平，解除冲击地压的发生条件。王猛等针对沿空巷道、孤岛工作面以及突出煤层进行了钻孔卸压应力转移技术研究，建立了卸压力学分析模型，分析了卸压参数对卸压范围的影响，确定了钻孔最佳卸压参数，与工程实践结合得出了卸压参数对应力向围岩深部转移的影响规律。周泽等针对强采动影响的巷道支护难题，采用综采工作面预掘回撤通道的卸压技术，并运用离散元法对卸压后围岩应力演化过程进行模拟分析，研究表明，该技术在一定程度上切断了超前支承压力向工作面前方巷道围岩传递的路径。

爆破卸压技术在20世纪50年代首次在南非的金矿中得到应用，直到90年代首次应用于我国煤矿卸压支护中，并逐渐得到推广。爆破卸压技术可在钻孔中形成爆炸冲击波，促使钻孔不同深度范围内的岩体发生不同程度的损伤破坏，通过相邻卸压孔之间的爆炸裂隙交错连通形成卸压带，达到降低巷道围岩应力水平的目的。李俊平等研究了高应力硬岩巷道掘进中的应力动态变化过程，结果表明，爆破卸压可有效降低巷道端面的支承压力峰值。何满潮等在沿空留巷覆岩运动规律的基础上提出了巷道顶板聚能预裂爆破技术，该技术可促使巷道大尺度悬顶转变为短臂梁结构，降低侧向传递的压力。李学华等以降低围岩应力为基本思路，提出了减小巷道底板变形的底板卸压技术，即在巷道底板掘进卸压巷，结合钻孔松动爆破手段，阻断底板应力传递路径，将底板高应力向下部岩层传递，降低岩层完整性，破坏扰动应力的传递路径，从而降低底板拉应力，减小底板变形。

总的来看，卸压爆破促进了岩体内部损伤，释放了积聚的弹性能，为岩体进一步变形提供了额外空间，阻断了地应力的传递路线，使应力向深部转移。

3.2 巷道围岩应力转移关键影响因素

利用有限元分析软件ANSYS/LS-DYNA进行数值模拟研究，主要通过探究不同因素影响下岩体弱化过程的应力位移场及能量积聚与转移规律，来分析岩体弱化程度与弱化区厚度对岩体卸压效果的影响，模拟工况均为2个75 mm孔径炮孔，孔深均为6 m，反向起爆，数值模拟工况如下：

① 不同装药长度：与工作面夹角70°斜孔，孔距1 m，孔间延时0 ms，连续装药长度1 m、1.5 m、2 m；

② 不同间隔装药长度：与工作面夹角70°斜孔，孔距1 m，孔间延时0 ms，间隔装药长度2×0.4 m、2×0.6 m和2×0.8 m，装药段间距离分别为0.2 m、0.3 m、0.4 m；

③ 不同孔距：与工作面夹角70°斜孔，孔间延时0 ms，连续装药长度2 m，孔距取0.5 m、1 m、1.5 m、2.0 m；

④ 不同孔间延时：与工作面夹角70°斜孔，孔距1 m，连续装药长度2 m，孔间延时0 ms、5 ms、17 ms、42 ms、65 ms。

部分模拟模型如图3-1所示。

模型的岩石介质、煤层采用材料关键字*MAT_JOHNSON_HOLMQUIST_CONCRETE定义，炸药采用材料关键字*MAT_HIGH_EXPLOSIVE_BURN及相关状态方程关键字*EOS_JWL定义。*MAT_JOHNSON_HOLMQUIST_CONCRETE简称为JHC材料，适用于岩石、混凝土介质在类似爆炸作用这类高压力高速加载下的破坏过程模拟，可以显示介质的损伤情况。空气材料采用标准密度1.29 kg/m^3，炸药材料采用参数为：密度1 300 kg/m^3，爆速4 000 m/s，爆压5.5 GPa，上下装药段设定为同时起爆。JHC材料及两种状态方程的相关参数见表3-1。

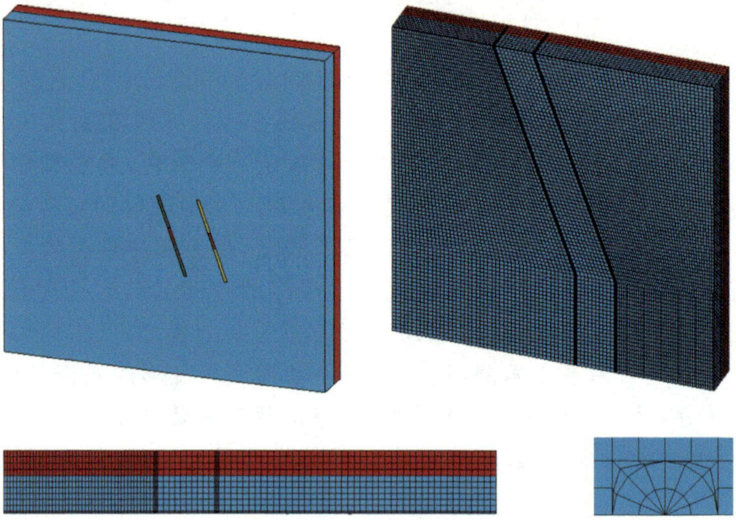

图 3-1　部分模拟模型

表 3-1　模型参数设定

JHC 材料参数						
RO	G	A	B	C	N	FC
2 700	1.486×10^{10}	0.79	1.60	0.007	0.61	4.8×10^{7}
T	EPS0	EFMIN	SFMAX	PC	UC	PL
4.0×10^{6}	1.0	0.01	7.0	1.6×10^{7}	0.001	8.0×10^{8}
UL	D_1	D_2	K_1	K_2	K_3	
0.1	0.04	1.0	8.5×10^{10}	-1.71×10^{11}	2.08×10^{11}	
JHC 材料参数						
RO	G	A	B	C	N	FC
1 400	3.27×10^{9}	0.754	1.41	0.000 4	0.34	8.87×10^{6}
T	EPS0	EFMIN	SFMAX	PC	UC	PL
5.0×10^{5}	1.0	0.01	7.0	2.96×10^{6}	0.007 29	1.0×10^{8}
UL	D_1	D_2	K_1	K_2	K_3	
0.118	0.044 6	1.0	8.5×10^{8}	-1.71×10^{9}	2.08×10^{9}	
炸药材料相关参数(*MAT_HIGH_EXPLOSIVE_BURN)						
RO	D	PCJ	BETA	K	G	SIGY
1 300	4 000	5.5×10^{9}	0	0	0	0
空气材料相关参数(*MAT_NULL)						
RO	PC	MU	TEROD	CEROD	YM	PR
1.29	0	0	0	0	0	0

表 3-1(续)

空气状态方程相关参数(*EOS_LINEAR_POLYNOMIAL)								
C_0	C_1	C_2	C_3	C_4	C_5	C_6	E_0	V_0
0	0	0	0	0.4	0.4	0	2.5×10^5	1.0

(1) 不同装药长度

模拟计算时间均为 5 ms,以下分析三种工况下的煤层损伤范围及孔口拉应力情况。

图 3-2 所示为三种工况下计算至 5 ms 时的煤层损伤范围变化情况,可以看出,炮孔在炸药爆炸作用下压缩周边煤层,形成了炮孔直径数倍的爆炸空腔,炮孔周边约 1 m 范围内的煤层显示出完全损伤的红色。三种工况下,随着装药长度的增大,沿炮孔方向纵向的损伤范围也逐渐增大,总体上装药长度基本与爆炸损伤范围成正比,但是损伤范围增加的程度略大于装药长度。

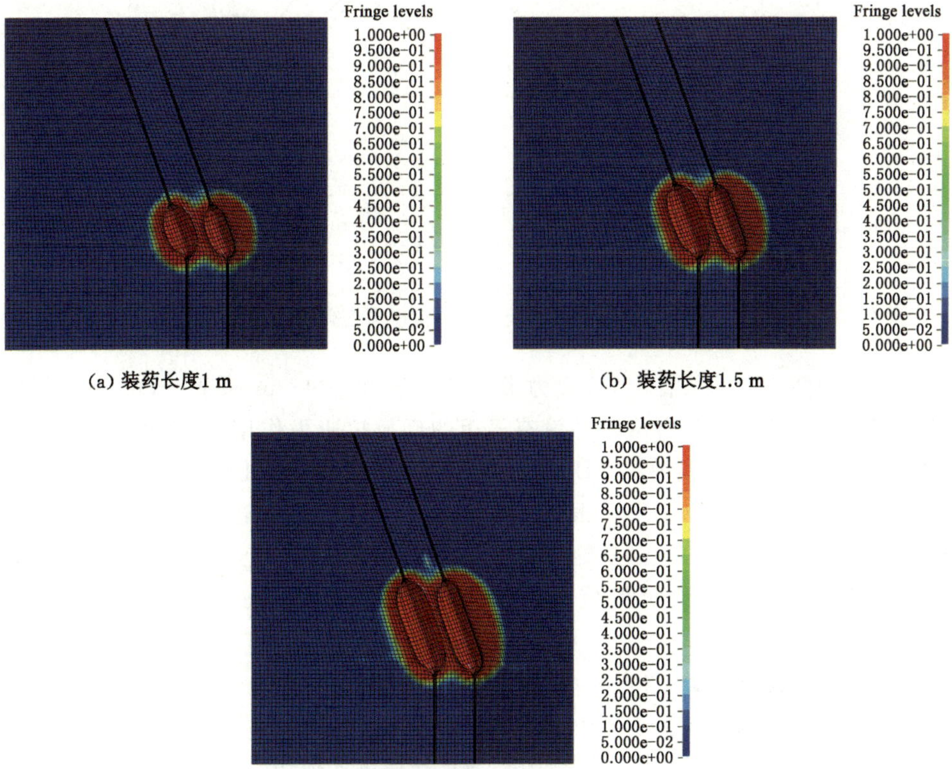

(a) 装药长度1 m　　(b) 装药长度1.5 m

(c) 装药长度2 m

图 3-2　不同装药长度下损伤范围

由于 JHC 模型损失范围只能反映材料在压剪作用下的破坏作用,而无法反映爆炸拉应力的破坏作用,因此为了更全面地了解装药长度对爆破效果的影响,需要对拉应力作用情况进行分析。在此,选取两孔之间的岩体部分,每 0.5 m 选取一个单元点直至损伤区域,分析单元选点及反映最大拉应力的最大主应力、反映最大压应力的最小主应力的情况。结果如表 3-2 和图 3-3 所示。

表 3-2　不同装药长度下应力分布情况

装药长度/m	不同深度单元点最大应力/MPa																	
	0 m		0.5 m		1.0 m		1.5 m		2.0 m		2.5 m		3.0 m		3.5 m		4.0 m	
	拉	压	拉	压	拉	压	拉	压	拉	压	拉	压	拉	压	拉	压	拉	压
1.0	0.858	1.272	2.089	1.416	1.722	1.905	2.227	1.982	3.131	2.951	4.514	4.539	5.034	6.130	2.667	9.712	4.008	19.557
1.5	1.317	0.988	2.0276	1.360	3.032	2.796	4.348	4.187	5.697	6.117	5.363	6.063	3.902	10.449	4.226	19.068	—	—
2.0	1.440	0.841	1.781	1.820	4.135	4.222	6.047	6.669	7.613	6.796	5.338	9.796	3.249	16.232	—	—	—	—

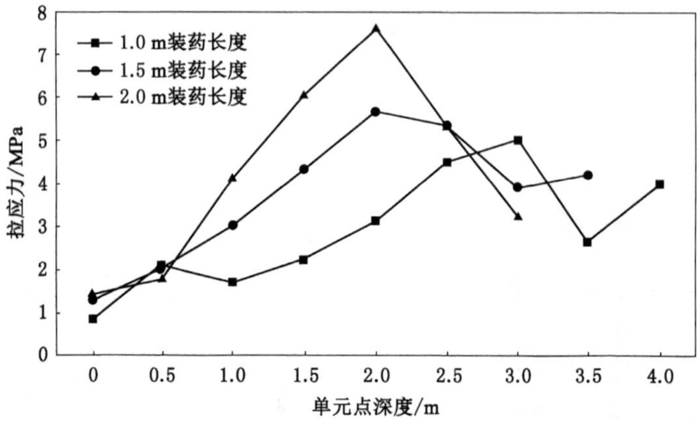

图 3-3　不同装药长度下拉应力变化情况

由表 3-2 和图 3-3 可以看出，拉应力最大值出现在 2～3 m 深度处，由于炮孔长度为 6 m，距离自由面较远，因此自由面并没有显著的反射拉应力作用，地表处的拉应力不大。各个单元点的拉应力基本均在 1 MPa 以上，且装药长度越大，相同深度下的拉应力值也就越大，最大拉应力接近 8 MPa。根据模拟显示的拉应力值，若煤层的抗拉强度不高，1.5 m、2 m 装药长度可以对煤层产生拉伸破坏。相比之下，上述单元点的最大压应力仅为 19.5 MPa，小于煤层常见的抗压强度值，因此无法对损伤范围外的煤层产生损伤作用。

(2) 不同间隔装药长度

三种工况间隔装药长度为 2×0.4 m、2×0.6 m 和 2×0.8 m，装药段间距离分别为 0.2 m、0.3 m、0.4 m，计算时间同样为 5 ms，对计算结果的损伤范围与拉应力变化情况进行分析，探讨参数变化对爆破破坏作用的影响。如图 3-4 和表 3-3、图 3-5 所示。

对比间隔装药与连续装药，显而易见，在总的装药长度减少 0.2～0.4 m 的条件下，每种相近装药长度下，间隔装药的损伤范围均显著大于连续装药长度，显示了空气间隔装药空气层延长爆破作用时间的有益效果。同时，由于炸药能量减小，间隔装药的装药部分爆破空腔显著小于连续装药，表明除了炸药能量总量的影响外，作用于形成空腔的爆破粉碎区能量显著减小，因此破裂区的作用能量增大，整体上反而加大了爆破损伤范围，提高了爆破效果。

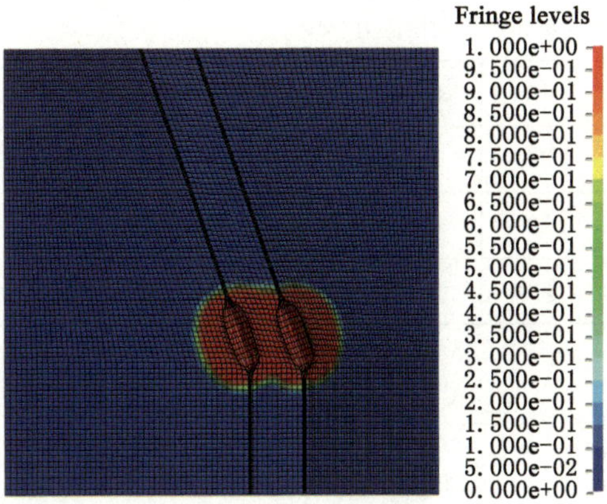

(a) 装药长度2×0.4 m，装药段间距0.2 m

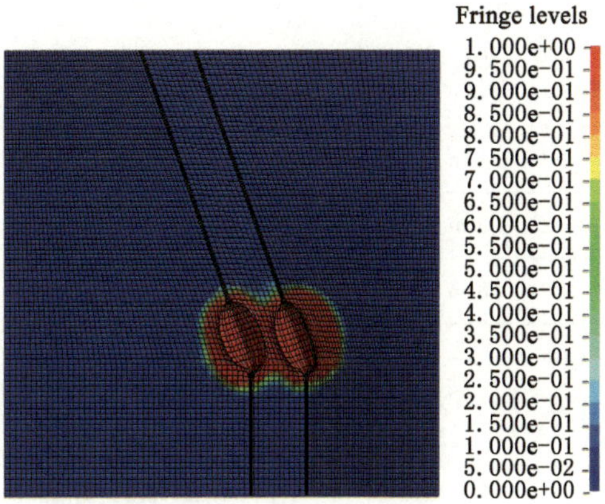

(b) 装药长度1.0 m

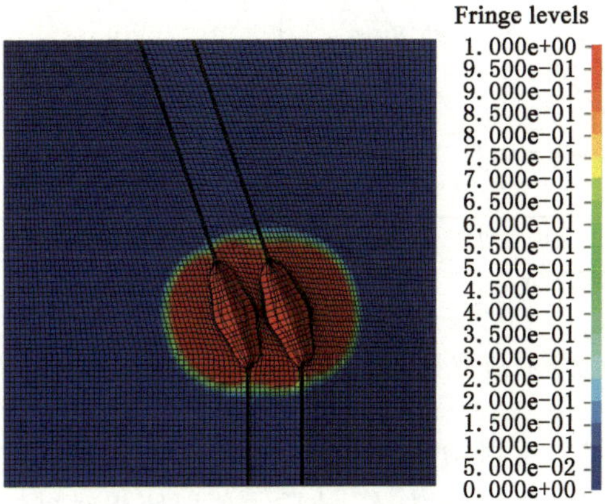

(c) 装药长度2×0.6 m，装药段间距0.3 m

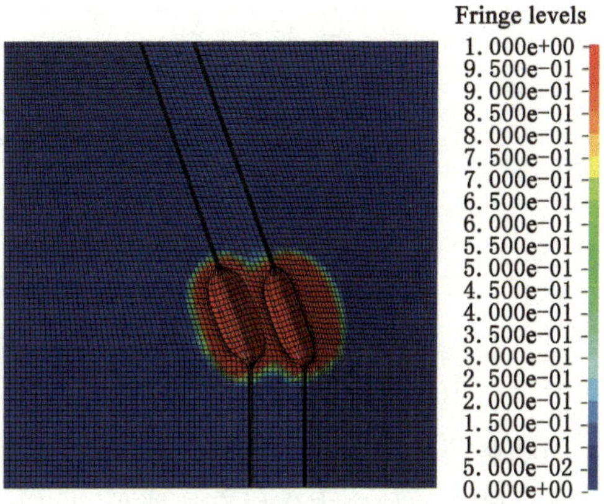

(d) 装药长度1.5 m

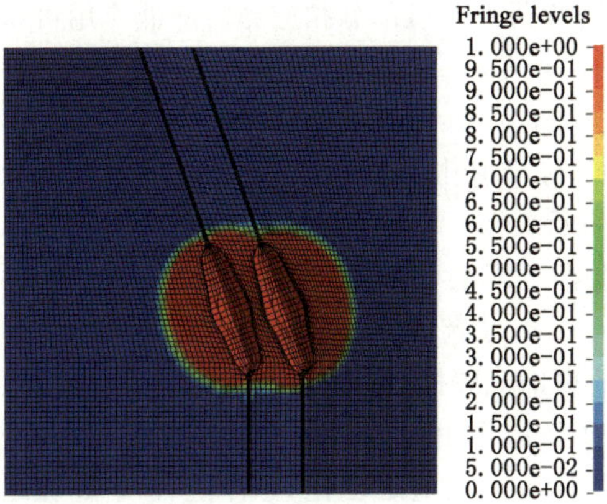

(e) 装药长度2×0.8 m，装药段间距0.4 m

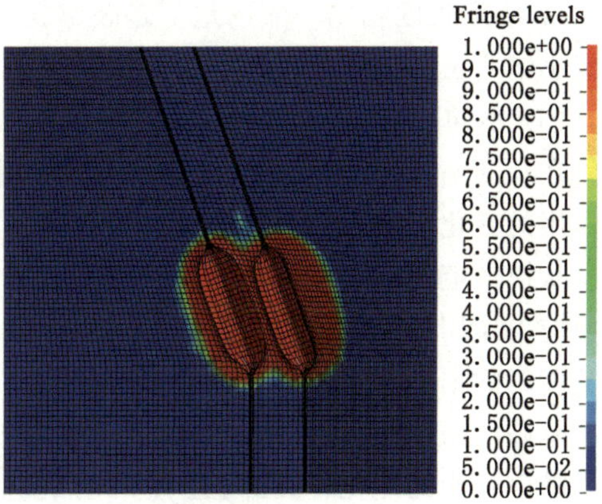

(f) 装药长度2.0 m

图 3-4 不同间隔装药长度与连续装药下损伤范围对比

表 3-3 不同间隔装药长度下拉应力分布情况

间隔装药长度	不同深度单元点最大拉应力/MPa							
	0 m	0.5 m	1.0 m	1.5 m	2.0 m	2.5 m	3.0 m	3.5 m
2×0.4 m	2.124	0.863	1.090	1.214	1.385	1.515	3.861	7.155
2×0.6 m	3.366	1.963	1.400	1.709	3.177	7.576	7.673	—
2×0.8 m	3.076	1.707	1.584	2.321	4.611	8.124	—	—

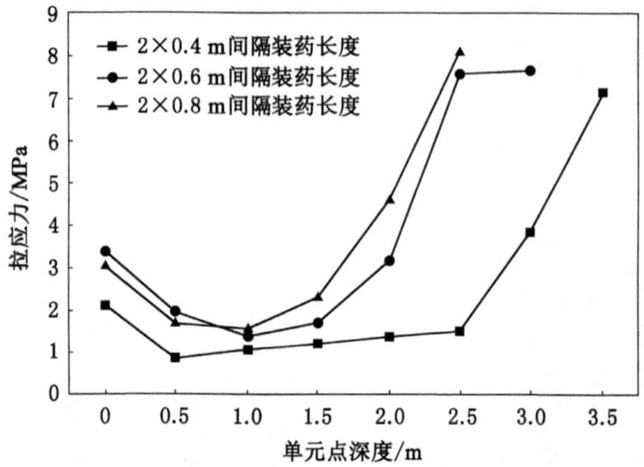

图 3-5 不同间隔装药长度下拉应力变化情况

间隔装药条件下，地表处出现了显著的拉应力反射增强，但是在 0.5～1.5 m 范围内，相比连续装药的拉应力作用有所降低，拉应力值在 1 MPa 左右，拉应力值即使相对煤的力学强度而言也偏低，不利于该深度煤层的破碎。考虑爆破参数为炮孔长 6 m，而堵塞长度长达 4 m，堵塞长度相比一般的地下爆破偏长，间隔装药下孔口部分拉应力的降低作用可以通过减小堵塞长度加以改善。

(3) 不同孔距

在 0.5 m、1.0 m、1.5 m、2.0 m 四种孔距下，分析炮孔周边的损伤范围及孔口部分拉应力作用的变化情况。如图 3-6、表 3-4 和图 3-7 所示。

从损伤范围的变化看，2 m 装药长度下的损伤范围最大，但是由于孔距的增大，需要根据拉应力作用情况进一步分析综合作用效果。1.5 m 装药长度时的损伤范围略小于 2 m 装药长度时的损伤范围，0.5 m、1 m 装药长度时的损伤范围接近爆破范围，这表明孔距过近增强了爆破的粉碎作用，导致了能量的浪费，减小了压剪作用的破坏范围。

随着孔距的变化，两孔间选取单元点反映的拉应力也随之变化，总体上看，1 m 孔距下 0.5～2.5 m 深度的拉应力作用最强，也即能够有效破坏煤层的拉应力作用范围最大。相比之下，其他三种工况下孔口部分的拉应力仅略高于 1 MPa，对于煤层的拉伸破坏作用效果不良，孔口部分易出现大块。

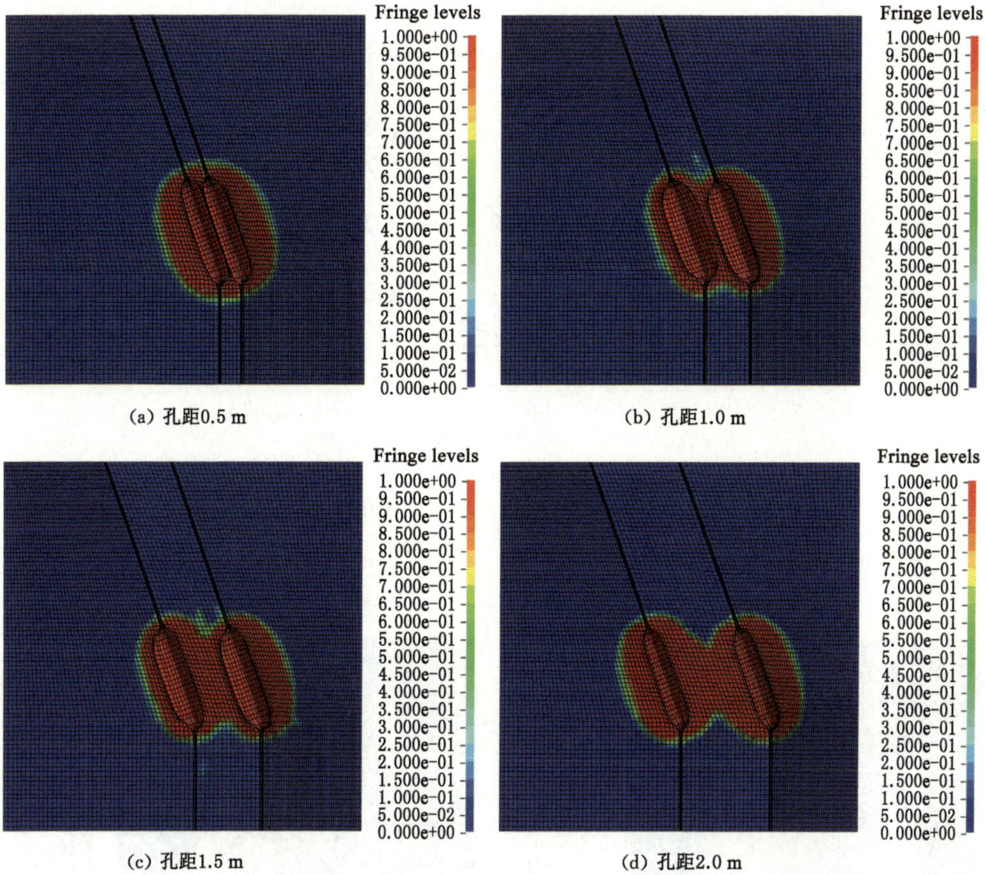

图 3-6 不同孔距下损伤范围

表 3-4 不同孔距下拉应力分布情况

孔距/m	不同深度单元点最大拉应力/MPa						
	0 m	0.5 m	1.0 m	1.5 m	2.0 m	2.5 m	3.0 m
0.5	2.517	1.397	1.286	1.911	2.789	8.161	—
1.0	1.440	1.781	4.135	6.047	7.612	5.338	3.249
1.5	2.098	1.497	1.394	2.237	4.953	9.421	4.897
2.0	2.792	1.592	1.414	1.340	2.025	5.691	8.219

(4) 不同延期时间

孔间延时共有 0 ms、5 ms、17 ms、42 ms、65 ms 五种工况，在这五种工况下，分析煤层损伤范围、孔口拉应力作用及模型煤层边界的振动作用。如图 3-8、表 3-5 和图 3-9 所示。

对比不同延时条件下的损伤范围可知，影响范围基本相同，没有太大变化。根据毫秒延时爆破理论，无论是应力波叠加还是岩石碰撞破碎，理论上均应以延时 0 ms 的作用最强。由于上述作用主要作用于两炮孔间的应力波叠加区域，在模拟工况下，该区域位于粉碎区，本身处于爆破过渡破坏作用区域，因此上述作用对损伤范围影响有限。

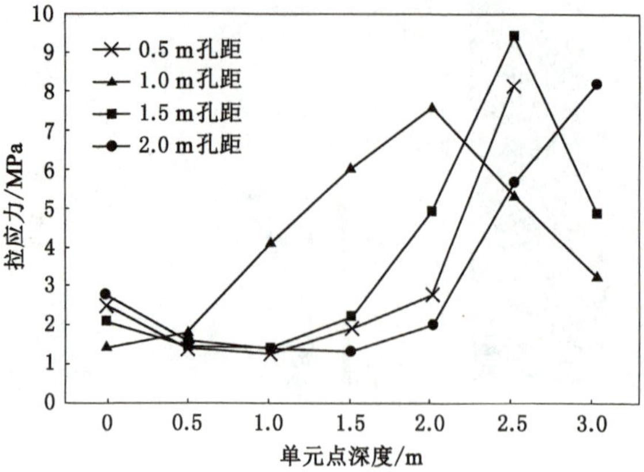

图 3-7　不同孔距下拉应力变化情况

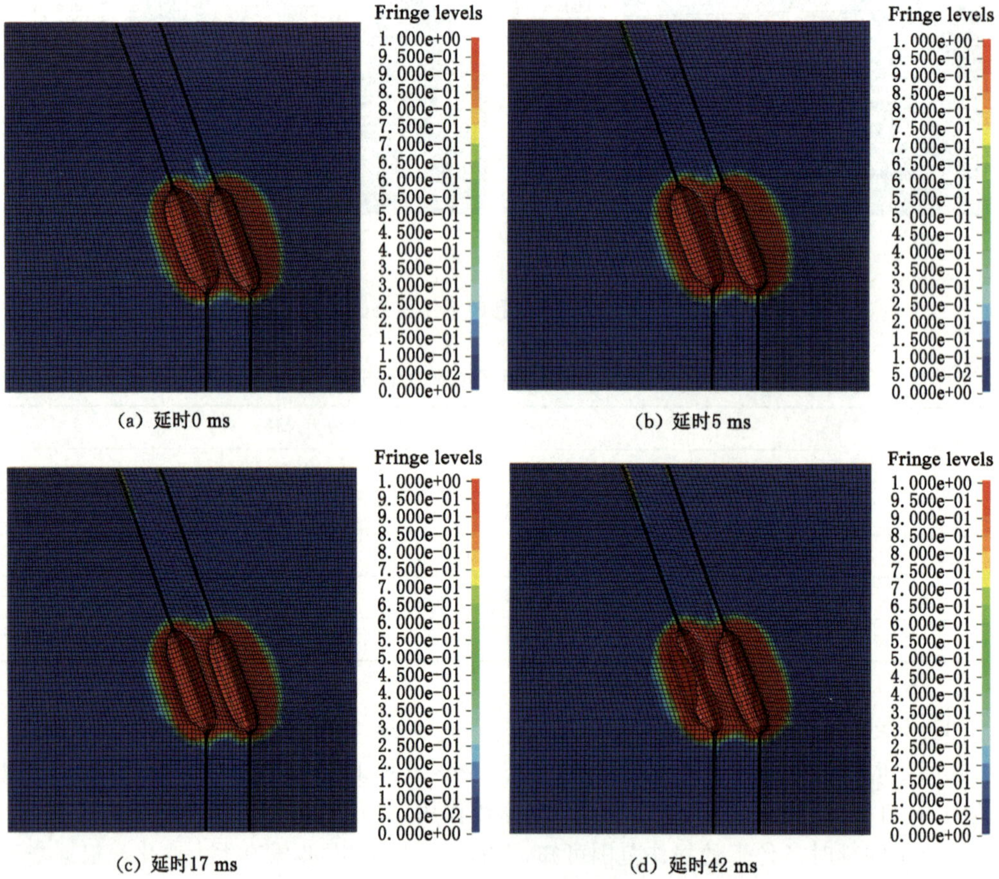

图 3-8　不同延时下损伤范围

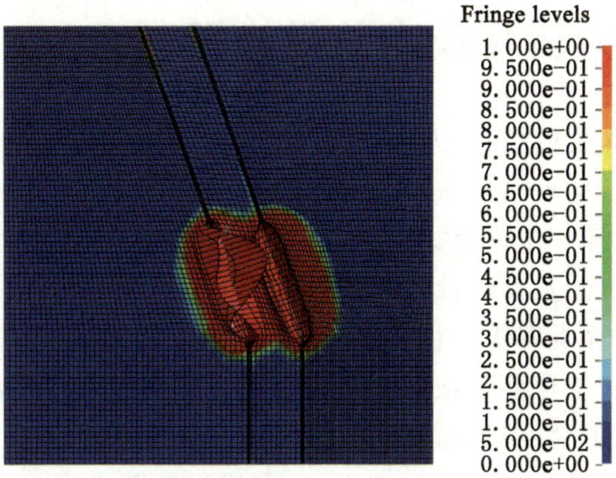

(e) 延时65 ms

图 3-8(续)

表 3-5 不同延时下拉应力分布情况

延时/ms	不同深度单元点最大拉应力/MPa						
	0 m	0.5 m	1.0 m	1.5 m	2.0 m	2.5 m	3.0 m
0	1.440	1.781	4.135	6.047	7.612	5.338	3.249
5	2.845	3.936	3.345	4.392	5.771	5.143	5.713
17	2.848	5.405	4.670	5.694	6.277	4.925	5.713
42	2.848	5.406	4.670	3.647	5.300	4.493	5.714
65	2.848	5.405	4.670	4.435	5.155	4.328	5.713

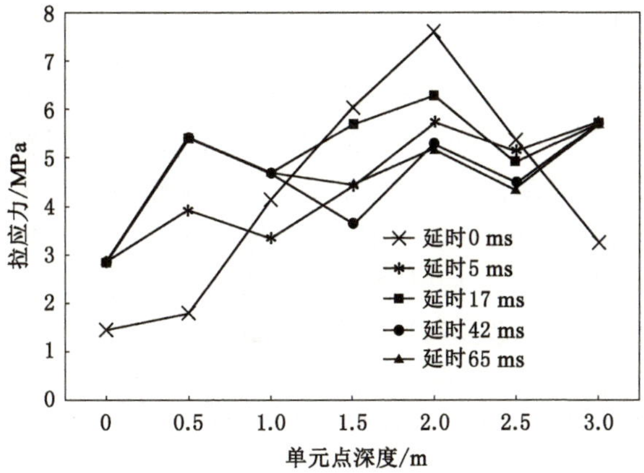

图 3-9 不同延时下拉应力变化情况

对比不同延时下拉应力作用,0 ms 条件下孔口部分的拉应力作用最小,延时显著增强了孔口部分的拉应力作用,有利于孔口部分煤层的爆破破坏。从数值看,17 ms 延时条件下,爆破的拉应力作用强度略微高于其余延时工况。

3.3 巷道应力转移技术效果分析

随着煤矿开采深度的增加，开采扰动强度不断增大，强动压作用下“三软”煤层巷道支护更加困难。该类巷道围岩软弱破碎，一旦受到强动压影响，巷道围岩变形更加剧烈，易产生冒落失稳、支架破坏等一系列事故，严重影响着煤矿的安全生产。众多学者针对“三软”煤层巷道围岩变形破坏机制及相应控制措施进行了研究，并取得了富有成效的成果。在“三软”煤层采动应力方面，夏洪春等分析了“三软”煤层超长工作面矿压显现规律及应力分布特征，得到“三软”煤层超长工作面的顶、底板控制技术。李春杰等研究了沿空留巷围岩应力分布规律，得到了原岩应力区、应力增高区及应力降低区的准确分布。唐建新等得到了“三软”煤层回采巷道围岩破坏模式和支护失效机制，即锚网索联合支护结构失效，进而导致围岩-支护承载结构丧失承载力。王琦等以典型“三软”煤层工作面——龙口矿区梁家煤矿 4606 工作面为工程背景，对 4606 工作面沿空巷道围岩变形破坏机制进行分析，提出了具有针对性的围岩控制措施。在“三软”煤层巷道围岩控制措施方面，康红普等针对强采动影响下软岩巷道围岩大变形问题，分析高地应力与超长工作面强采动应力叠加作用下巷道围岩大变形机理，提出强采动巷道支护-改性-卸压协同控制理念，有效控制了千米深井、软岩、强采动巷道大变形。徐佑林等分析了软岩巷道围岩的变形机理，提出再造承载拱的巷道支护体系，对强动压影响下的巷道围岩控制取得了较好效果。孙利辉针对强动压影响下松软煤层巷道巷帮变形破坏问题，分析巷帮变形破坏特征，研究其滑移变形机理，提出巷帮锚注加固技术，并在井下试验工程中取得了较好的成效。

本书提出“卸-转-固”协同控制技术，利用爆破卸压使围岩应力向深部转移，改变围岩应力分布状态，降低围岩应力集中程度；采用加固材料封孔，提高加固段整体强度，保证强动压影响下巷道围岩稳定。

3.3.1 “卸-转-固”协同控制技术原理

“卸-转-固”协同控制技术主要原理是通过深孔爆破将巷道两帮形成的集中应力充分释放，形成一定的卸压区范围，使应力重新分布并向深部转移。与此同时，在实施爆破卸压措施前采用水泥、黄沙等材料对钻孔进行封孔加固。通过爆破卸压的方式，利用爆破产生的冲击波引起围岩的震动和应力波动，使表层围岩中原本集中的应力分散到更深的围岩区域，从而降低表层围岩的应力集中程度。同时，利用爆轰和封孔工艺进一步加固卸压孔周围的围岩，形成两个承载结构——内承载体和深部围岩形成的外承载体。如图 3-10 所示。

(1) 爆破卸压：在巷修时，在巷帮与底板应力集中范围内施工卸压孔进行爆破，产生的爆轰压力使深部围岩内积聚的弹性变形能释放出来，围岩产生变形破裂，从而将原来的应力集中区转变为卸压区。

(2) 应力转移：炸药在爆破时，在高温高压作用下，围岩表层受到爆轰压力作用而形成空腔，称为粉碎区。爆破后，围岩深部的应力重新分布，并重新形成破碎区、塑性区和弹性区（图 3-11），将两帮及底板浅部围岩应力集中的弹性区转移到围岩深处，从而降低应力集中程度。即在爆破卸压后，巷道围岩表层会形成粉碎区，从而形成低应力卸压区，而集中应力转移到围岩深部，形成了深部岩体自承载区，并充分发挥围岩自承力，使其基本处于三向应

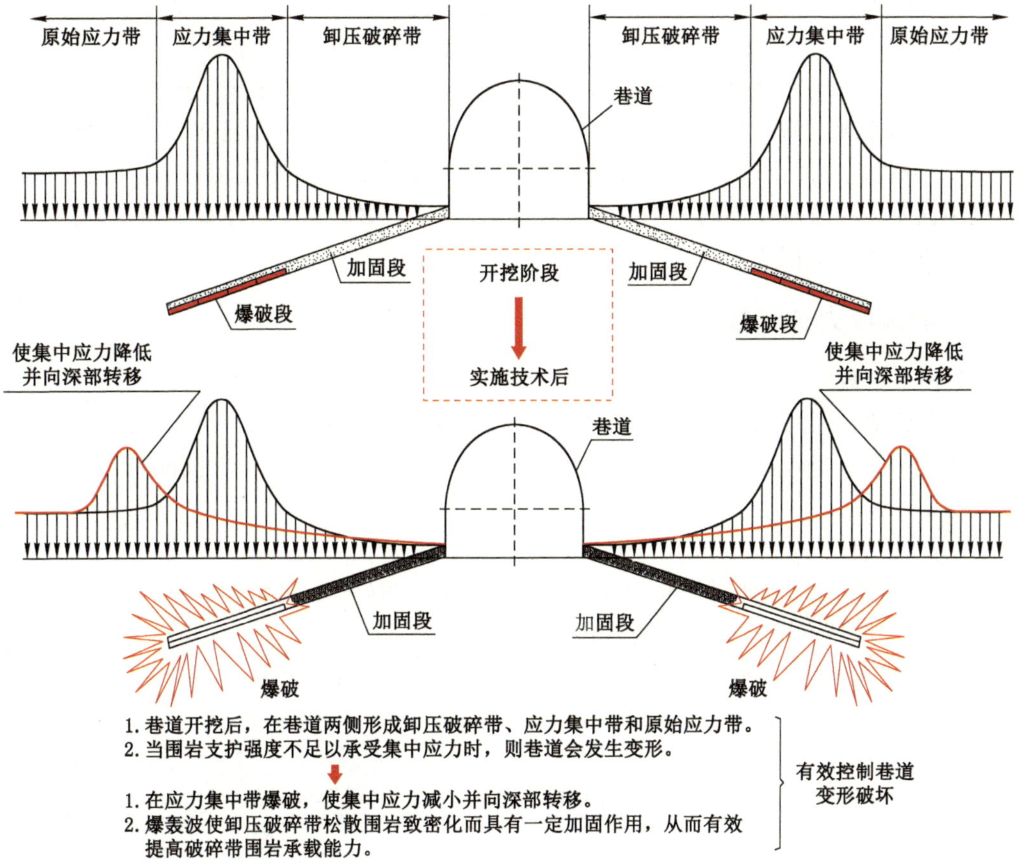

图 3-10 “卸-转-固”协同控制技术原理图

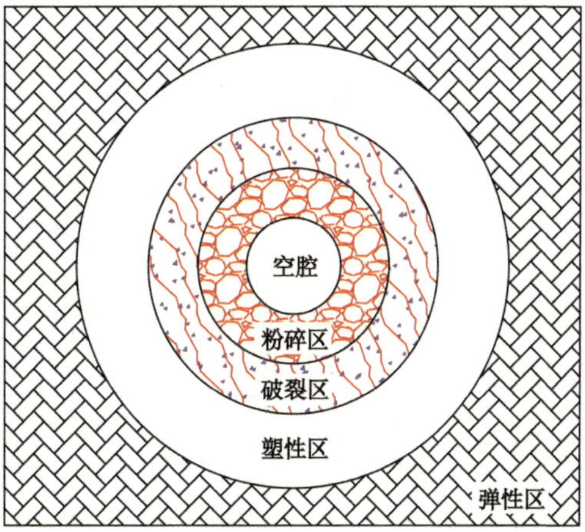

图 3-11 爆破卸压后巷道围岩应力分布区

力状态，从而提高巷道围岩的稳定性。

(3) 围岩加固：爆破卸压后，由于爆破产生的震动波会导致巷道周边围岩松动破坏，该区域围岩强度降低，承载能力下降，巷道原有的承载结构破坏。故爆破卸压后，对巷道围岩进行二次加固。一是在爆破前对巷道卸压孔安装锚索和加固材料进行封孔，加固材料在爆破作用下更紧密地与卸压孔孔壁成为一体，提高封孔加固段整体岩体强度，同时在爆破围岩稳定后，安装托盘，进行张拉，施加高预紧力进行加固，控制围岩变形破坏；二是爆破卸压后，在巷道断面不同位置打设不同规格的锚索进行加固；三是爆破卸压后注浆加固，对巷道围岩松软岩体进行胶结加固。

3.3.2 巷道应力转移技术工艺

(1) 技术参数

① "爆破钻孔"方位垂直于巷道中轴线，两侧单排对称布置，如图 3-12 钻孔布置三视图所示。底孔倾角－35°，开口距巷道底板 150 mm，钻孔深度 6 100 mm；钻孔间距 2 000 mm，钻孔直径 75 mm。

② 钻孔内埋设 ϕ21.8 mm×6 300 mm 的锚索。

③ 采用外径 40 mm、壁厚 2 mm PVC 管装药，管长 1 000 mm，内装 3 节 ϕ32 mm×300 mm 乳化炸药，同一段号雷管 2 发，将管送入孔底。

④ 封孔采用水泥、沙混合材料，比例为 1∶2∶1(水泥∶细沙∶水，质量比)。

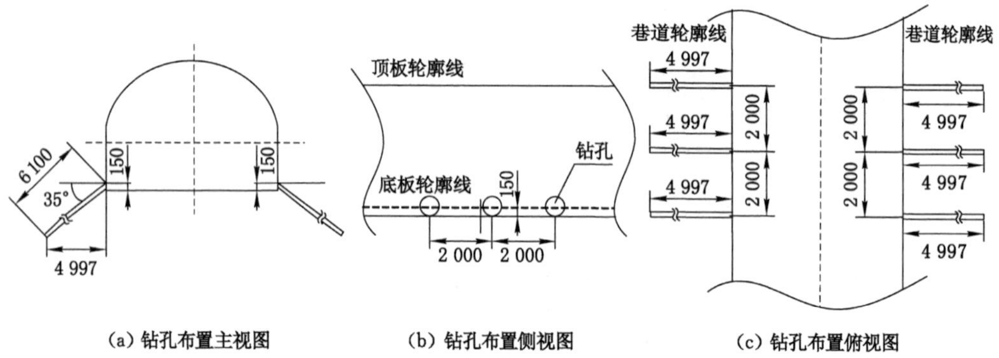

图 3-12 爆破卸压钻孔布置三视图

(2) 钻孔和封孔设备

采用 ZY-750 型煤矿用全液压钻机施工钻孔，钻杆钻头直径 75 mm，同时使用多功能压风封孔设备，如图 3-13 所示。

(3) 施工工艺

① 卸压孔施工。采用 ZY-750 型煤矿用全液压钻机和 ϕ75 mm 钻头在巷帮底角以倾角 35°向下施工钻孔，孔深控制在 6 100～6 300 mm 内，钻孔间距 2 000 mm。

② 爆破卸压。在卸压孔深部封闭空间内进行爆破(图 3-14)，卸压孔用 ϕ32 mm×1 000 mm PVC 管装三节 ϕ32 mm×300 mm 乳化炸药实施爆破。

③ 加固封孔段。利用自制多功能压风封孔设备将加固材料通过压风填入卸压孔，加固

(a) ZY-750型钻机

(b) 钻头

(c) 压风封孔设备

图 3-13　钻孔、封孔设备实物图

材料为合成的混凝土和 ϕ21.8 mm×6 300 mm 锚索，质量比为水泥∶细沙∶水＝1∶2∶1，细沙粒径小于 5 mm。3 d 后，给锚索托板上锁具并采用张拉千斤顶进行张拉，使锚索预紧力达到 250 kN，从而提高封孔加固段整体岩体强度。

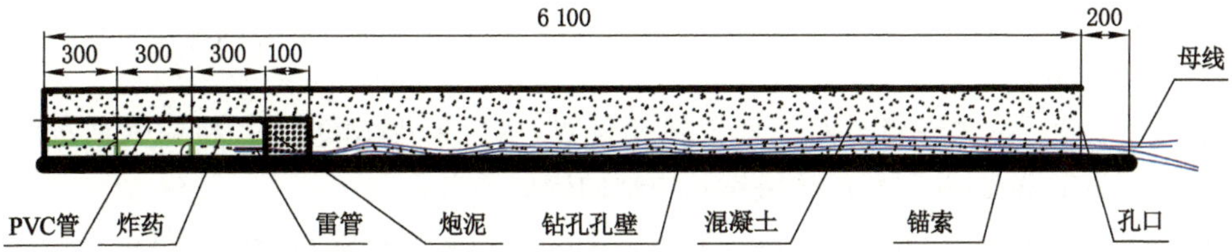

图 3-14　钻孔装药、加固结构示意图

(4) 注浆加固方案

① 技术参数

注浆孔布置：按图 3-15 布置围岩注浆孔，钻孔间排距 2 000 mm×2 000 mm。

注浆孔深：6 000 mm。

注浆方式：埋孔口注浆管，在孔内下射浆管，射浆管长度 5 500 mm，全长一次注浆。

成孔：使用 MQT120 型锚索钻机配 ϕ36 mm 钻头成孔。

注浆压力：孔口注浆压力 2～3 MPa，根据现场情况进行调整。

② 注浆材料

a. 注浆材料构成

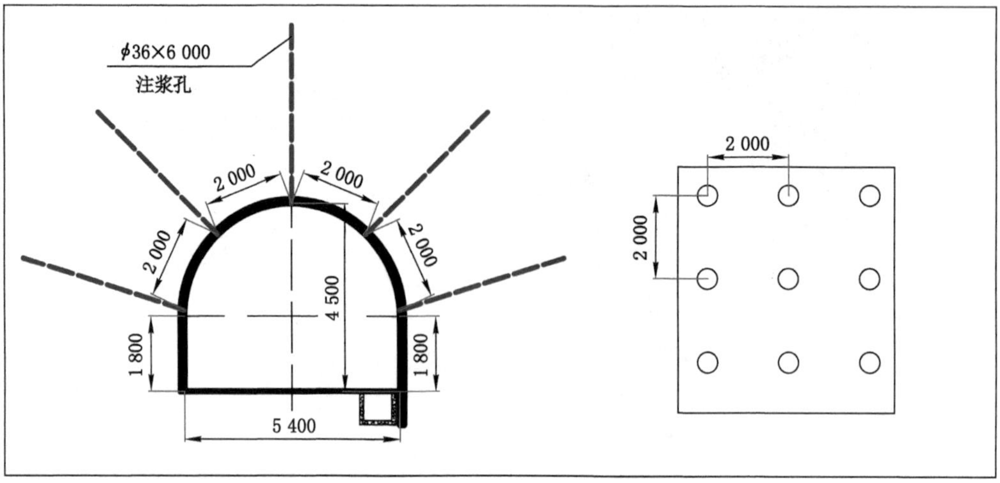

图 3-15　巷道注浆加固断面图

正常注浆使用强度等级为 42.5 的普通硅酸盐水泥制备素水泥浆；大范围漏浆进行注浆堵漏时，压注水泥-水玻璃双液浆。

b. 注浆材料配比

水灰比：水泥浆的水灰比为 0.7∶1～1∶1(根据现场注浆情况小范围调整)。

水泥-水玻璃双液浆配比：使用水泥-水玻璃双液浆时，水泥浆配比不变。水玻璃浓度为 48～55 Be'(根据现场情况进行调整)，模数为 2.8～3.2。水泥浆和水玻璃的体积比为 1∶0.4～1∶0.6。

c. 封孔材料

采用水泥浆封孔。

③ 施工工艺

a. 施工钻孔。首先在巷道断面标记钻孔位置，然后采用 MQT120 型锚索钻机配直径 36 mm 钻头施工钻孔，并利用风压将钻孔内部的碎屑排出。

b. 封孔。将射浆管(外径 20 mm、长度 5.5 m 的硬质塑料管)与孔口管(6 分孔口管无螺纹端)插入钻孔，其中射浆管套入孔口管中，外露孔口管螺纹端 150 mm，并进行水泥封孔。

c. 注浆。封孔 24 h 后，安装孔口截止阀并连接注浆系统，按照设计的材料配比进行水泥浆的制备，然后打开注浆阀门并与注浆孔管连通，开始注浆。待注浆压力达到终压10 min 后，打开卸压阀卸压，关闭孔口阀；之后撤除注浆系统，换孔注浆。

(5) 锚索加固方案

① 技术参数及材料

锚索规格：采用 19 股钢绞线、直径 21.8 mm 的锚索。根据巷道变形特征的研究可知，顶板和肩角处采用 6 300 mm 的锚索长度，巷帮处采用 4 300 mm 的锚索长度，外露张拉长度 300 mm，间排距 1 800 mm×2 000 mm，如图 3-16 所示。

锚索、托盘：垂直于巷道顶板、肩窝处位置采用 ϕ21.8 mm×6 300 mm 锚索，其余位置

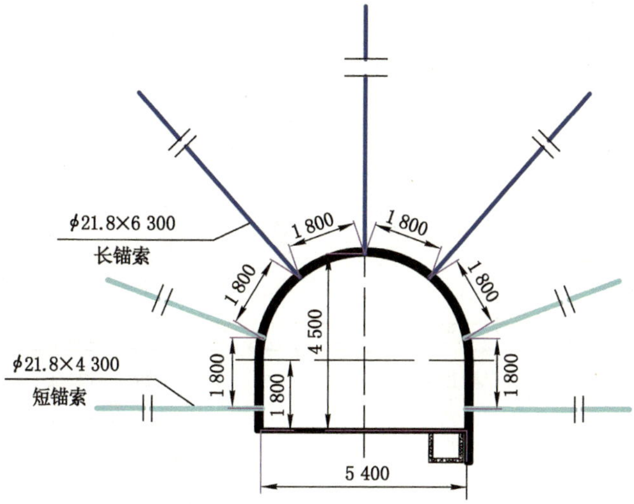

图 3-16 巷道锚索加固断面图

采用 ϕ21.8 mm×4 300 mm 锚索；根据支护构件匹配性试验及巷道矿压综合监测结果可知，锚索强度与托盘、高强调心球垫及锁具的力学性能相互匹配，巷修时，采用极限破断拉力为 400 kN、延伸率为 4% 的锚索，以及相互配套的高强调心球垫及拱形托盘(尺寸为 300 mm×300 mm×16 mm，承载能力大于 400 kN)。

钻孔：采用 MQT120 型锚索钻机打孔，钻头直径 28 mm，孔深 4 000 mm±20 mm 和 6 000±20 mm。

锚索角度：锚索垂直于岩面布置。

锚固方式：采用三支树脂锚固剂加长锚固，一支规格为 K2335，另两支规格为 Z2360。

预紧力：锚索预紧力≥250 kN。

② 施工工艺

a. 采用帮锚杆钻机，配合 ϕ28 mm 钻头钻孔，孔深控制在 4 000～4 100 mm 和 6 000～6 100 mm 内。

b. 将一支 K2335 树脂锚固剂和两支 Z2360 树脂锚固剂放入钻孔中，并插入锚索将树脂锚固剂推至孔底。

c. 采用配套搅拌器与锚杆机相连于锚索末端，开机搅拌，先慢速搅拌，后加速搅拌，将锚索全部插入钻孔。之后，以全速搅拌并旋转 10～15 s。然后，停止搅拌，等待 1 min。收缩锚杆机，将搅拌器卸下来。控制锚索外露长度在 200～300 mm 范围内。

d. 张拉锚索。搅拌完成后，静止 15 min，在锚索外露端分别装上托板和锚具，采用张拉千斤顶使锚索预紧力张拉至设计值(≥250 kN)，然后将千斤顶卸下。

f. 锚索间距误差不得超过设计值±50 mm。

3.3.3 应用效果分析

本次试验在原支护基础上采用“卸-转-固”技术方案施做 70 m 试验巷道，其余巷道段均采用原始支护方案进行效果对比，在试验巷道段和未试验巷道段分别布置 3 个测站，采用钻孔应力计监测巷道围岩应力变化情况，每个测站相距 20 m，在巷帮布置 6 m、10 m、14 m、18 m 深的测点，监测点布置如图 3-17 所示（由于现场煤层条件限制，钻孔容易出现塌孔，实际安装深度分别为 5 m、6 m、9 m、9.5 m）。

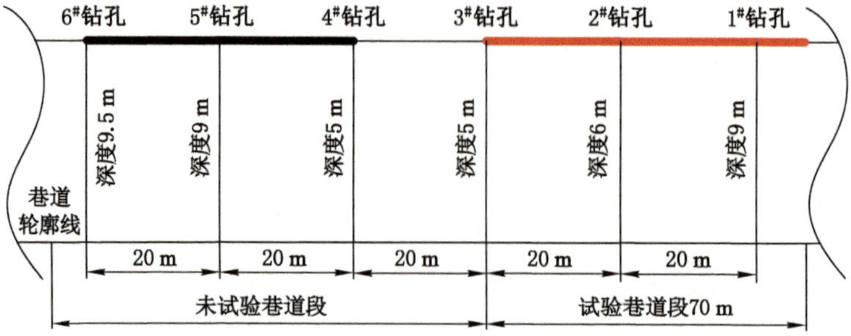

图 3-17　钻孔应力测点布置图

通过现场采集数据，得到巷道围岩应力的变化曲线，图 3-18 中 1#、2#、3# 钻孔曲线为试验巷道段的围岩应力变化曲线，4#、5#、6# 钻孔曲线为未试验巷道段的围岩应力变化曲线。

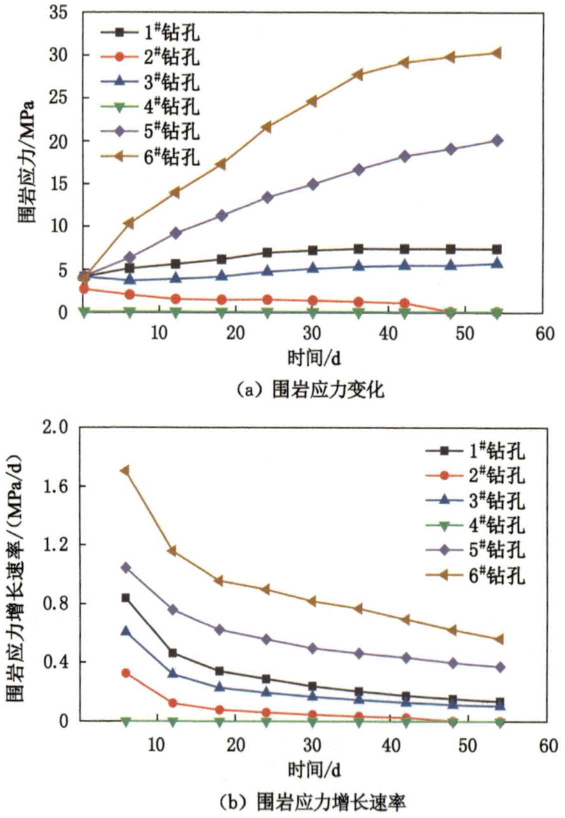

图 3-18　巷道围岩应力变化规律

为了监测巷道顶底板及两帮位移的变化，在 115-101 北翼回风巷设了两个观测站，1# 站（采用“卸-转-固”技术方案）和 2# 站（原支护），观测巷道表面位移，观测结果如图 3-19 所示。

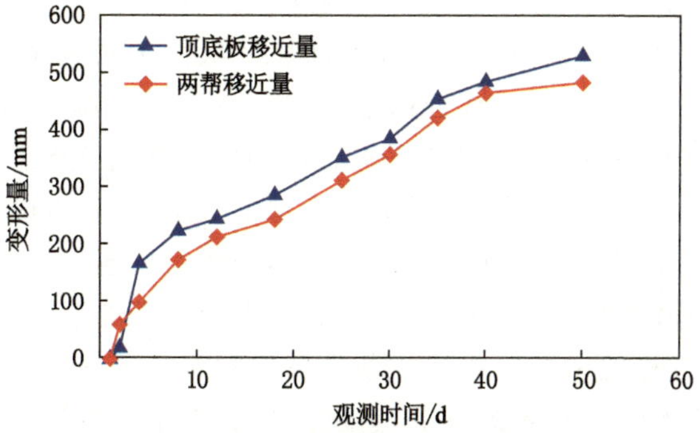

(a) 未试验巷道段变形量

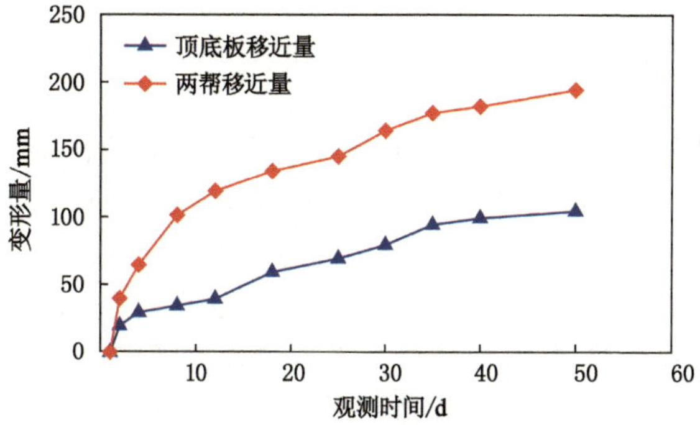

(b) 试验巷道段变形量

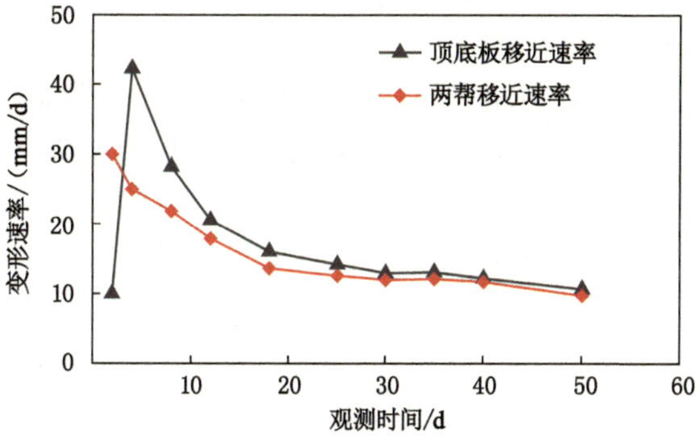

(c) 未试验巷道段变形速率

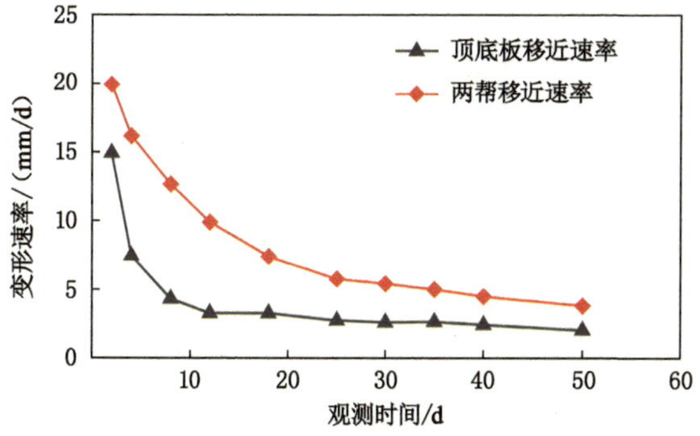

(d) 试验巷道段变形速率

图 3-19　巷道围岩变形规律

由图 3-19 可知，未试验巷道段围岩变形量较大，在 50 d 内，顶底板最大移近量达 534 mm，两帮最大移近量达 487 mm，顶底板累计移近量大于两帮位移收敛量；0～30 d 围岩变形速率很大，第 30 天时，顶底板移近速率达 12.97 mm/d，两帮移近速率达 12 mm/d；30 d 后巷道围岩变形速率有所减缓，但巷道围岩依旧没有稳定，仍有增大的趋势。试验巷道段初期围岩变形较快，在 30 d 后，巷道围岩趋于稳定状态，顶底板最大移近量 105 mm，两帮最大移近量 195 mm，顶底板移近速率 2.1 mm/d，两帮移近速率 3.9 mm/d。

通过以上监测的巷道围岩变形情况可知，采用“卸-转-固”和 U 形棚联合支护技术时，在 30 d 内，围岩顶底板移近量比未试验巷道段降低 79.43%，两帮移近量比未试验巷道段降低 54.17%。这说明在“卸-转-固”技术方案下，巷道围岩变形得到了有效控制。

3.4 本章小结

(1) ANSYS/LS-DYNA 数值模拟表明，爆破卸压通过装药长度、孔距及延时的优化组合，可有效扩大围岩损伤范围(装药长度 2 m 时损伤范围达 7.6 m)并增强拉应力作用(最大拉应力 8 MPa)。孔距 1.5 m 与孔间延时 17 ms 的协同设计，使两孔间拉应力峰值提升至 6.27 MPa，实现应力向深部转移，浅部围岩应力集中系数降低至 1.5 以下。

(2) 基于应力控制原理提出了“卸-转-固”围岩综合控制理念。通过对围岩应力集中区进行爆破卸压，将浅部围岩应力转移到深部，降低底板及巷帮浅部围岩应力集中程度；通过爆破产生的爆轰压力对浅部松散围岩进行挤压，实现对围岩的加固，提高围岩整体强度并充分发挥围岩的自承能力抵抗围岩变形。

(3) 通过井下试验效果对比分析可知，实施“卸-转-固”围岩控制技术后，巷道两帮及底板浅部围岩应力集中程度有明显降低，巷道围岩顶底板移近速率降低了 79.43%，两帮移近速率下降了 54.17%，巷道围岩变形得到了有效控制，这表明“卸-转-固”支护技术能有效控制强动压影响下“三软”煤层巷道围岩变形。

4 跨采动压巷道控制技术关键装备及材料研发

针对跨采动压巷道面临的复杂应力环境和围岩变形问题，研发高性能支护装备和材料是解决问题的核心。创新设计模块化快速支护台车，采用液驱自走与遥控触控双模技术，实现支护-浇注-脱模一体化作业；研发渗透性强、固化时间可控的注浆材料，能够有效提升巷道的抗压能力和稳定性，形成“智能支护-精准注浆”协同技术体系。

4.1 强动压巷道快速支护台车研发

4.1.1 强动压巷道快速支护工艺与装备现状

近年来，随着煤矿开采深度的增加与开采强度的加大，对于巷道的需求量也在不断增加。井下复杂的地质条件、恶劣的作业环境，给巷道掘进作业带来极大挑战，围岩稳定性差、变形量大，使得支护难度增大，迫使掘进速度变慢。现有快速掘进技术与装备受时空等因素制约，存在掘支平行作业难、支护耗时长、设备协调能力差等问题。有数据表明：支护用时占成巷时间的60%，用工数占比达70%。针对煤矿快速掘进中存在掘快支慢的问题，提高支护的作业效率显得尤为重要。

通过查阅有关文献资料，将煤矿中快速掘进的成巷工艺与装备分为以下几类：

(1) 悬臂式掘进机＋单体锚杆钻机：此类快速掘进工艺起源于20世纪，目前技术发展十分成熟。在欧美、澳大利亚和中国都有广泛使用。不过受工艺限制，掘进与支护交替作业，无法实现平行作业，成巷效率相对较低。

(2) 悬臂式掘进机＋机载锚杆钻机：该技术是在悬臂式掘进机上加装锚杆钻机，于20世纪80年代开始起步，以日本MRH-S220、英国LHI300H等机型为主要代表。国内在20世纪末采用该技术，并在此技术基础上改进，与自移式临时支护装置相配套，提高了支护作业效率。

(3) 连采机＋锚杆钻车：20世纪中期，美国利诺斯公司研制出第1台连采机，初期用于房柱式开采。随着后期开采技术的变革，美国、英国、澳大利亚等产煤国家先后把连采机投入煤巷掘进中。目前，国内以神东矿区为主，采用连采机及配套设备(梭车、锚杆钻车、连续运输系统等)进行巷道快速掘进。

(4) 掘锚机＋锚杆钻车：20世纪末，美国、奥地利和英国等的公司先后研发掘锚机。现阶段，国内外该行业发展迅速。代表机型有Sandvik的MH620、山东天河科技股份有限公司的EBZ160M-2、山东兖煤黑豹矿业装备有限公司的EBZ200M-2、三一重型装备有限公司的EBZ260M-2等。

(5) 掘锚一体机＋锚杆钻车：20世纪，奥地利、英国、美国等国家在工作面回采速度大幅提升的情况下，为满足准备巷道开拓的需求，研发掘进、支护一体的机械化平行作业装备。以奥地利 Voestalpine 公司的 ABM20、美国 JOY 公司的 12BM18、英国 BJD 公司的 2480HPBH 等机型为代表，随后在工程应用中取得良好效果。目前，掘锚一体机在国内外煤矿都有推广应用，以 Sandvik 公司的 MB670-1 型掘锚一体机、JOY 公司的 EJM2×170/4-2 型掘锚一体机、西安煤矿机械有限公司的护盾式掘锚一体机、中煤科工集团上海研究院有限公司的 EJM2×200/2 型掘锚一体机、三一重型装备有限公司的 EJM270 型掘锚一体机等机型为代表。总体上，我国掘进成巷工艺起步较晚，先后经历钻爆法、综合机械化的发展时期，现阶段，正处于综合机械化掘进向智能化发展过渡时期。国内煤矿巷道掘进工艺与装备如图 4-1 所示。

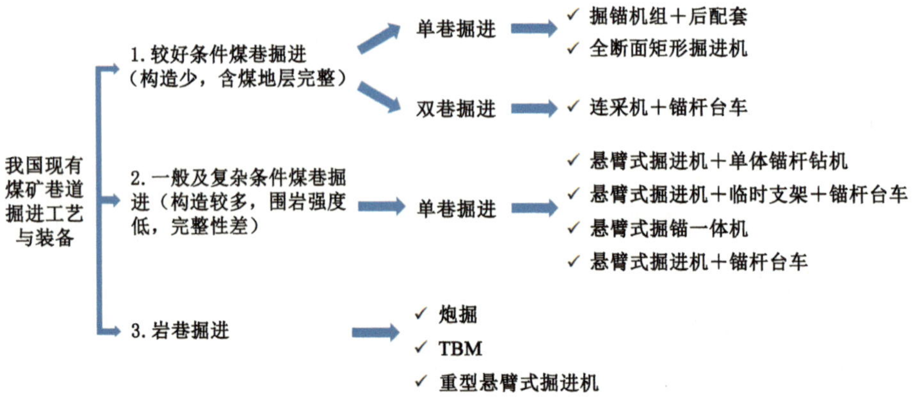

图 4-1　国内煤矿巷道掘进工艺与装备

通过掘进与支护的平行作业，可显著提高支护效率，缩短成巷时间，同时能够更好地适应复杂地质条件，增强支护的稳定性和可靠性，减少巷道变形和破坏，保障矿工安全。快速支护台车通过机械化、自动化操作，可降低劳动强度，提高作业安全性，并推动煤矿掘进和支护作业的智能化发展。其集成多种功能的设计增强了设备协调能力，提升了整体作业效率，为煤矿安全生产和高效生产提供了有力保障。因此，开发和应用强动压巷道快速支护台车设备，对于提高支护作业效率、保障巷道安全、促进煤矿高效生产具有重要意义。

4.1.2　快速支护台车研制及工作原理

为解决煤矿企业在巷道中的施工问题，在满足尺寸和功能要求的同时，对隧道内二衬台车进行非标设计。目的是通过对支护台车的设计，解决巷道施工过程中二次衬砌混凝土浇注问题。研制了具有液驱自走、遥控触控双模切换、全行程任意位置定位脱模等优点的快速支护台车。为确保支护台车在实际工况下使用的安全性，对其工作过程力学性能进行了仿真分析，使各关键零部件的可靠性得到保证。支护台车开状态三维模型如图 4-2 所示，收缩状态三维模型如图 4-3 所示。支护台车二维图如图 4-4 所示。

该设备由龙门钢架、模板壳体、行走机构、液压缸、万向轮等主要部分组成。四周由模板外壳与顶部合页组成，前后端与浇注挡板连接，底部万向轮的作用是支撑与移动，四周外壳与合页通过液压缸与内部龙门钢架相连，龙门钢架建立在六个行走机构之上，行走机构与轨

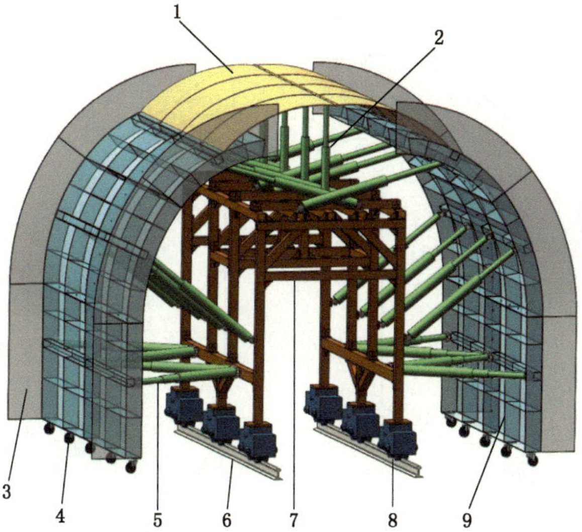

1—合页；2—支撑液压缸；3—挡板；4—万向轮；5—液压缸；
6—轨道；7—龙门钢架；8—行走机构；9—外壳模板；

图 4-2　支护台车开状态三维模型

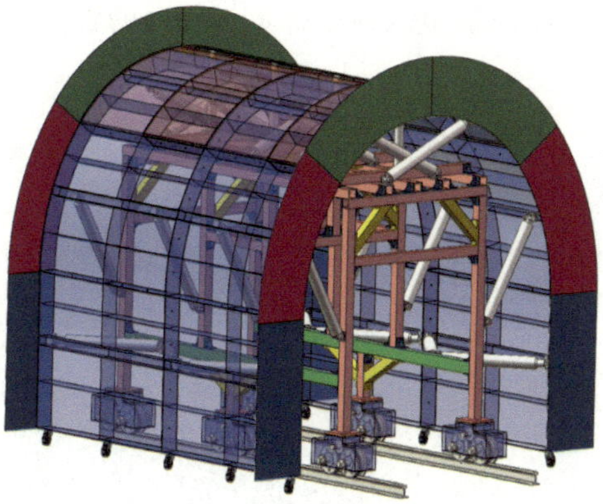

图 4-3　支护台车收缩状态三维模型

道连接且可沿轨道移动。

行走机构对设备进行轴向定位，液压缸对浇注模板壳体进行径向定位，模板壳体与龙门钢架间通过液压缸连接，将模板受到的压力转移到龙门钢架上，由此实现支护台车的行走、定位、浇注、脱模过程。

(1) 行走机构

行走机构包括与龙门钢架固定连接的行走机构外壳和内部传动机构，外壳由五块钢板组成，内部为齿轮传动的大齿轮与小齿轮、与轨道连接的行走轮。大齿轮与行走轮通过螺栓固定连接，内部放置圆锥滚子轴承，外部端盖密封，通过车轮轴与行走机构外壳相连；小齿轮外连电机输出轴。

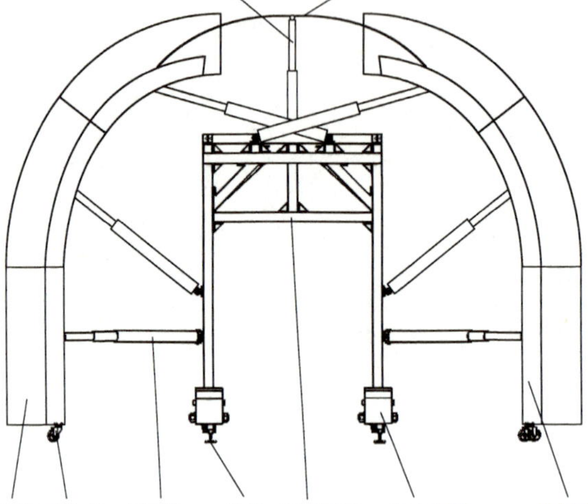

图 4-4　支护台车二维图

行走机构下与轨道接触，上与龙门钢架连接，采用具有自锁功能液压马达带动齿轮传动机构，结合相应锁轨器以保证整车在坡道上仍能安全驻车，考虑了台车行走速度、台车自重与受载、摩擦力等因素，可以保证整个机构在行走过程中的稳定性和安全性。行走机构剖面如图 4-5 所示。

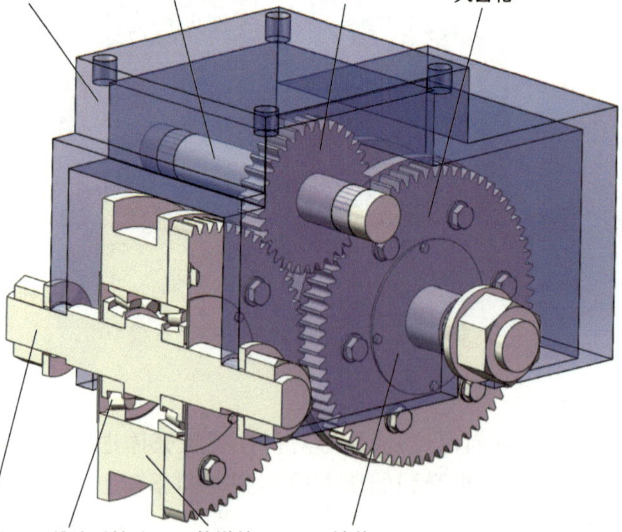

图 4-5　行走机构剖面图

(2) 龙门钢架

龙门钢架主要由 80 mm×80 mm×6 mm 的方钢与 100 mm×80 mm×4 mm 的矩形钢

构成,其中用到的方钢有三种用途,即用作横梁、支撑、斜支撑。横梁方钢有五种长度,分别为 1 500 mm、3 000 mm、745 mm、1 340 mm、1 047.5 mm;支撑方钢有四种长度,分别为 1 880 mm、1 470 mm、371.68 mm、570 mm;斜支撑方钢有三种长度,分别为 540 mm、850 mm、580 mm。矩形钢仅作为横梁,长度为 2 840 mm。它们由三角筋板相互连接,并在相应位置放置铰接座与液压缸连接,组成龙门钢架基本结构。龙门钢架结构如图 4-6 所示。

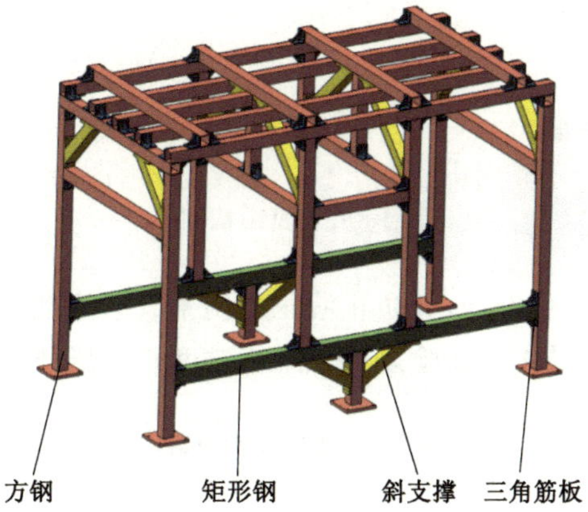

图 4-6 龙门钢架结构图

(3) 模板壳体

模板壳体由具有不同弧度的"上""中""下"三种模板壳相互连接组成,外层为 5 mm 厚的钢板(作为浇注模板),各模板中部放置一根 80 mm×80 mm×6 mm 的横梁,横梁上通过放置铰接座与液压缸连接,横向放置两块加强筋,纵向放置一块加强筋,加强筋厚度为 2 mm。根据壳体外形,分别连接相应"上""中""下"挡板。模板壳体结构如图 4-7 所示。

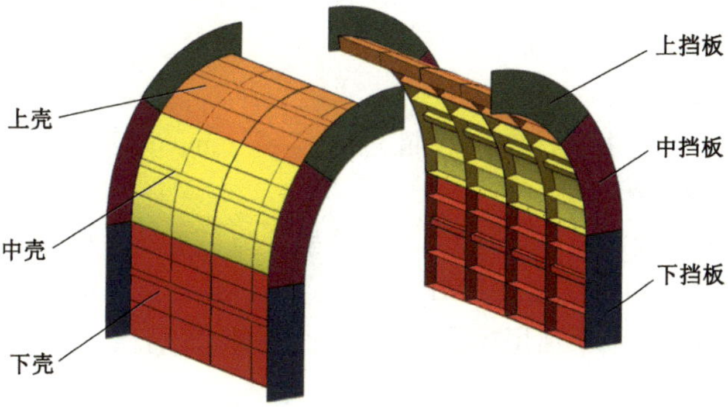

图 4-7 模板壳体结构图

(4) 合页

合页包括左右合页,左合页与右合页通过中间的铰接轴连接,铰接轴连接液压缸的一端,液压缸另一端固定在龙门钢架上。合页结构如图 4-8 所示。

(5) 液压控制系统

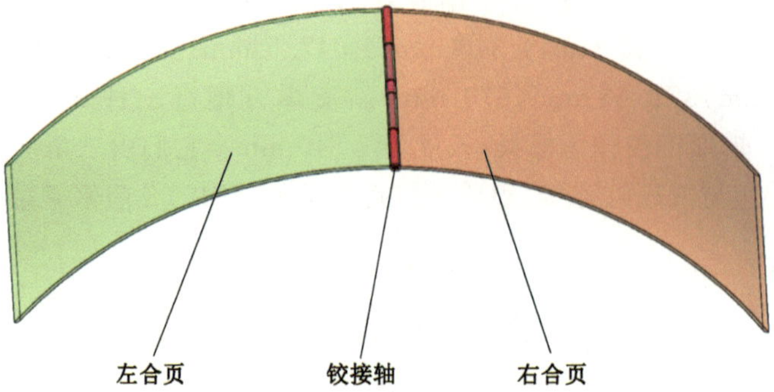

图 4-8　合页结构图

液压控制系统采用模块化设计，为防止液压控制系统故障延误工期，附加设计全手动操作模式，利用全自动和手动操作双保险以保证施工进度。液压技术参数见表 4-1。

表 4-1　液压技术参数

参数	数值
系统工作压力/MPa	25
最大流量/(L/min)	65
系统额定功率/kW	7.5

电气控制参数：

① 电节点温度计，高低温报警显示，4 个接线点，24 V DC 控制；

② 管式电加热器，380 V AC，50 Hz，2 kW；

③ 隔爆电机，7.5 kW，380 V AC，50～60 Hz，四级 1 450 r/min；

④ 备用开关，24 V DC 电磁铁。

液压站技术说明：

① 液压站整体外形控制在长不超过 1 500 mm，宽不超过 500 mm，高不超过 1 200 mm；

② 恒功率负载敏感液压泵 A10VSO45，恒功率点为 7.5 kW，4.5 MPa 下全功率全排量输出，4.5～10 MPa 时恒功率变化，10 MPa 至以上(25 MPa)恒压恒功率工作；

③ 其余按博世力士乐液压通用标准和 LMT 企业标准执行。

4.1.3　快速支护台车仿真分析

为便于分析计算及有限元模型的建立，对分析对象进行必要的模型简化与处理，删除零件中对分析结果影响甚微的小孔，如螺钉连接孔及销钉孔等，删除模型上的倒角、倒圆，并合并曲率相同的曲面、曲线，得到三维模型；将支护台车装配体模型导入 ANSYS Workbench 平台，采用以六面体单元为主的网格形式对模型进行网格划分。由于万向轮在后面选定，模型不准确，此次分析忽略万向轮，于是在轨道底部和万向轮顶部施加固定约束；通过对支护台车受力情况分析，在其顶部施加向下的载荷，大小为 196 kN；考虑左右壳体所受混凝土的挤压力，在中壳左右侧边沿中壳径向分别施加 49 kN 的载荷，在下壳左右两端分别施加 19.6 N 的载荷。最终求解分析结果如图 4-9 至图 4-11 所示。

图 4-9　支护台车受载变形云图

图 4-10　支护台车受载应力分布云图

图 4-11　支护台车受载等效弹性应变分布云图

(1) 行走机构仿真分析

首先对分析对象进行必要的模型简化与处理,得到其三维模型,将简化后的行走机构模型导入 ANSYS Workbench 软件,采用以六面体单元为主的网格形式对模型进行网格划分,在行走机构轮子底部与轨道连接位置分割出一定区域施加固定约束。通过对行走机构受力情况分析可知,行走机构所受载荷为位于顶部龙门钢架的压力,计算出单个行走机构所受载荷为 58.8 kN 左右,因此在其顶部施加 58.8 kN 的载荷,最终求解分析结果如图 4-12 至图 4-14 所示。

图 4-12　行走机构受载变形云图

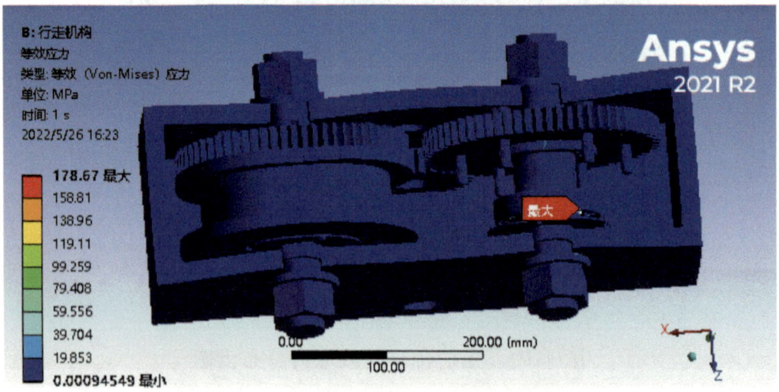

图 4-13　行走机构受载应力分布云图

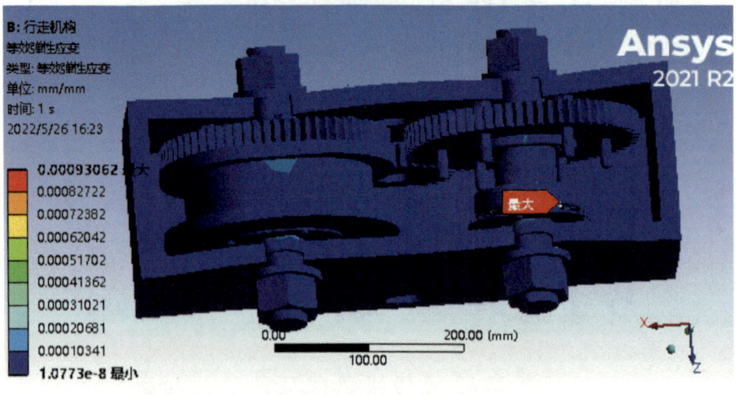

图 4-14　行走机构受载等效弹性应变分布云图

（2）龙门钢架仿真分析

在龙门钢架四个支撑方钢底部施加固定约束，通过对龙门钢架受力情况分析，在龙门钢架顶部分割出几个受力点，计算出龙门钢架所受载荷为 176.4 kN 左右，施加载荷为 196 kN；考虑台车扩宽至 4 200 mm 时液压缸受载较大，中间四个液压缸位置施加的力为 137.2 kN，两边液压缸位置施加的力为 58.8 kN，最终求解分析结果如图 4-15 至图 4-17 所示。

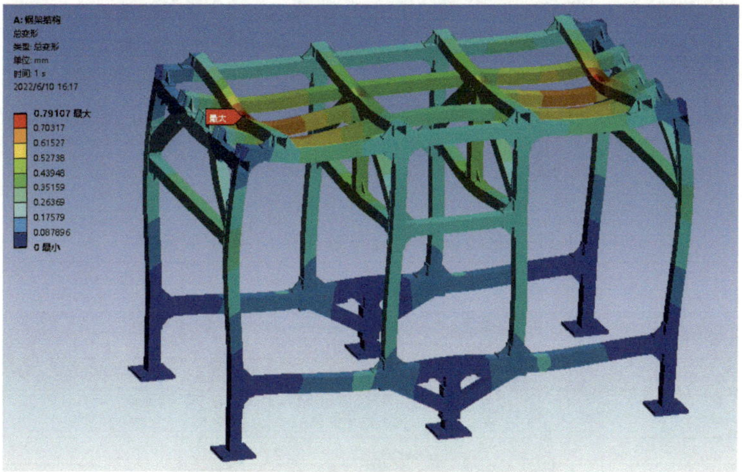

图 4-15　龙门钢架受载变形云图

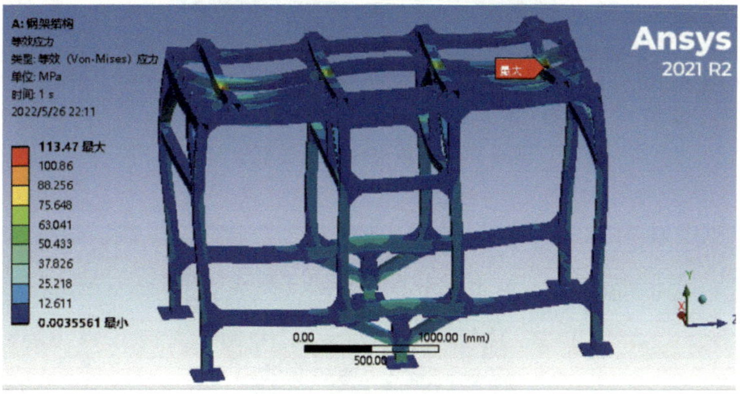

图 4-16　龙门钢架受载应力分布云图

（3）模板壳体仿真分析与优化

优化前，壳体的变形和应力应变都符合设计要求，但整体较重，于是，对于壳体的优化主要是减重，将原来 10 mm 厚的外壳部分改为 5 mm，将 10 mm 厚的加强筋板更改为 2 mm。对于顶部合页模板，将一块板分为四块，优化铰链连接结构，同时对钢板厚度进行调整，做到有效减重的同时方便运输与安装。通过有限元仿真分析后得出，减重后的机构照样符合技术要求。

根据壳体底部万向轮安装位置及各液压缸安装位置，对安装区域施加固定约束，壳体顶部受到混凝土向下的压力，计算出混凝土在此区域内重力为 176.4 kN 左右，施加向下的载荷为 196 kN，最终求解分析结果如图 4-18 至图 4-20 所示。

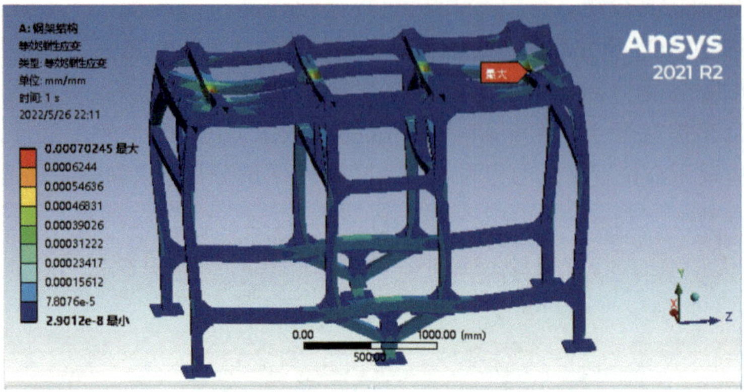

图 4-17　龙门钢架受载等效弹性应变分布云图

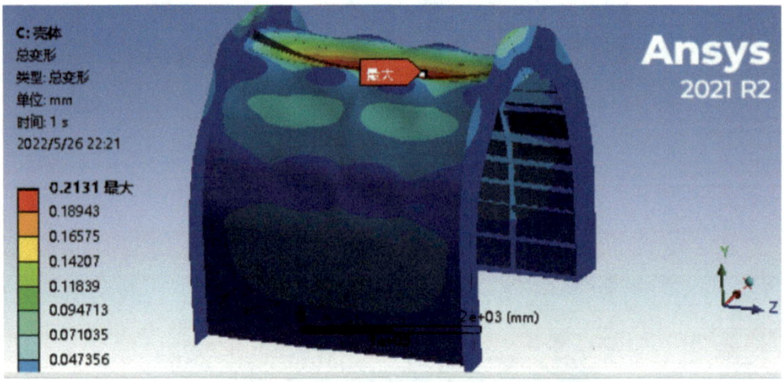

图 4-18　模板壳体受载变形云图

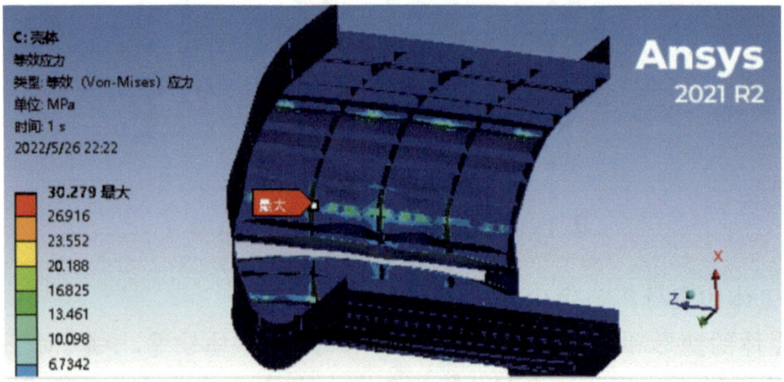

图 4-19　模板壳体受载应力分布云图

(4) 合页仿真分析与优化

对模型进行前处理后导入 ANSYS 软件进行网格划分，根据铰链合页结构中液压缸对轴的支撑位置，对支撑区域施加固定约束，由于合页两端靠在壳体上，同时也对合页两端进行固定约束；合页顶部受到混凝土向下的压力，且当台车扩展为 4 200 mm 时载荷几乎全部

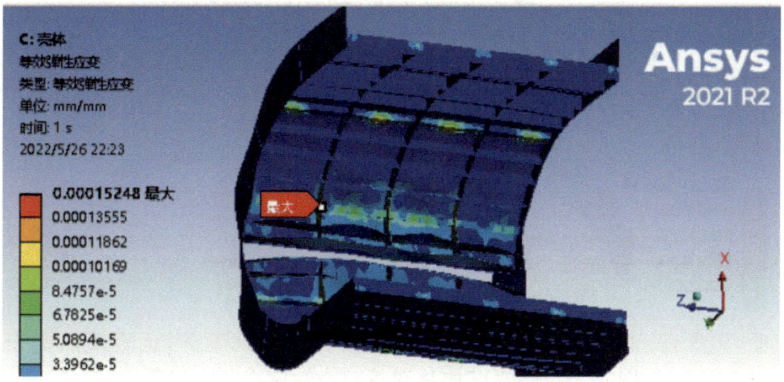

图 4-20　模板壳体受载等效弹性应变分布云图

由合页承担，通过计算得出，此时合页所受载荷约为 117.6 kN，考虑扩展时受力面增大和混凝土的挤压力，为了台车的安全，对合页施加向下的载荷为 196 kN，由于原合页分为四块，对单块合页施加的载荷为 49 kN，最终求解分析结果如图 4-21 至图 4-23 所示。

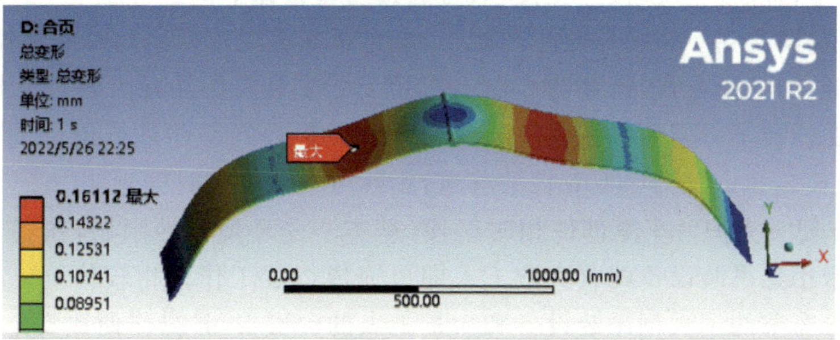

图 4-21　合页结构受载变形云图

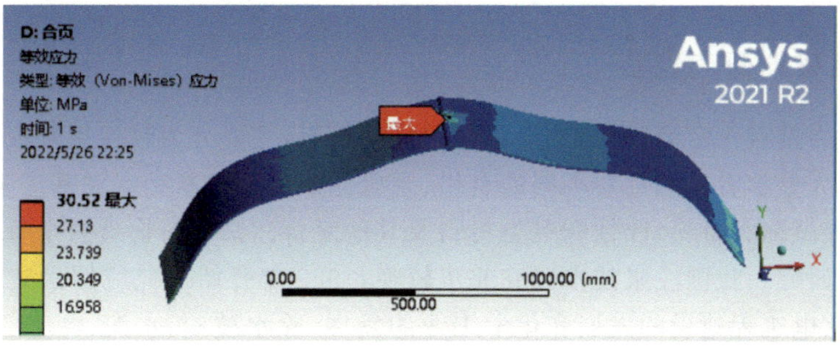

图 4-22　合页结构受载应力分布云图

(5) 经济与社会效益

① 节约材料，降低成本。此台车多为方钢和钢板组装形成，且通过有限元仿真分析，在保证安全性的前提下，将材料质量尽可能降低，经过结构计算、优化，此台车质量从原来的 20～40 t 减小到 6 t，直接节约基材成本 20 万～30 万元，较之同类型的台车，钢材用量大幅

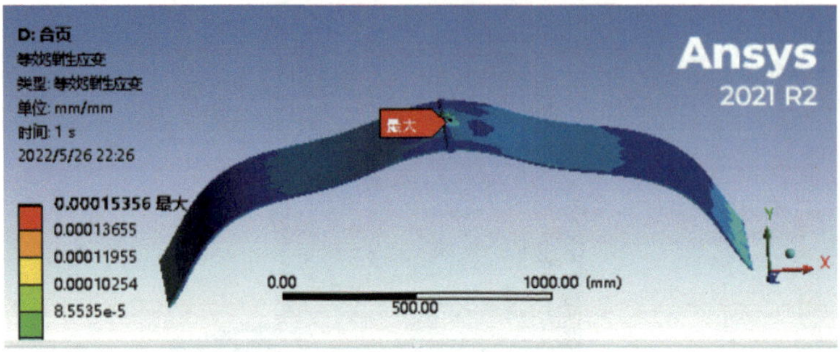

图 4-23　合页结构受载等效弹性应变分布云图

度降低。对大型零部件进行拆分，单根杆件运输，现场组装，可节约大型运输和起重设备的费用。

② 拆装方便，整体推进，可缩短工期。台车在井下现场通过螺栓就能连接，整体拆装十分方便，且整个施工过程只用拼装一次；对于大小不同的巷道，台车无须拆卸，只需通过调节液压缸的伸长量，进而调节模板外壳大小；可通过台车整体下调进行脱模，台车从脱模、清理模板、推进就位、调节到下一循环灌注混凝土，全过程与人工支模所用时间相比，所需时间大幅度缩短。以往的支模方式，折算约 3 m 台车单元的安装及拆除耗时将近 5 h，而台车只需安装一次，该支护台车后期可根据巷道断面尺寸对支护径向尺寸进行定量调节（同步/不同步），台车单元长 3.3 m，对于 33 m 长的巷道，预计可节约安装时间近 40 h。

③ 组装方便。支护台车零部件相对轻便，基本不受环境场地限制，在巷道内只需少数工人或 1～2 台小型吊装设备配合少数工人即可完成组装工作。相较传统二衬台车的安装过程，该支护台车节约了大型吊装设备和大量工人的台班费，且操作便捷安全。

4.2　强动压巷道破碎围岩注浆材料研究

4.2.1　注浆材料研究现状

注浆材料为具有一定流动性，且最终能固化的材料，主要分为颗粒型浆液和无颗粒浆液两种。国内外大量学者分别针对不同的有机、无机注浆材料如新型水泥基注浆材料、水泥基材料添加剂、聚氨酯类材料、改性脲醛类材料及其他复合注浆材料物理力学特性及现场应用进行了大量的研究。我国注浆技术研究起步较晚，1953 年开始研究应用水玻璃作为注浆材料，随着水利水电工程建设的发展和化学工业的发展，除水玻璃、水泥、黏土等无机材料外，还研发了其他无机材料，如图 4-24 所示。20 世纪 50 年代研发了环氧树脂、甲基丙烯酸甲酯等材料；60 年代研发了丙烯酰胺等材料；70—80 年代研发了聚氨酯类材料；特别是 80 年代后，根据不同需要，各种材料在种类、性能上得到了进一步的发展，出现了干法和湿法的细水泥和超细水泥、稳定浆液、混合浆液、酸性水玻璃、弹性聚氨酯、水溶性聚氨酯、丙烯酸盐、不饱和聚酯、沥青、木质素类、脲醛树脂类和多种多样的外加剂等。总体来说，渗透性强、可注性好、无污染、固结体强度高、凝胶时间易控制、价格便宜和施工方便是注浆材料研发的目标。

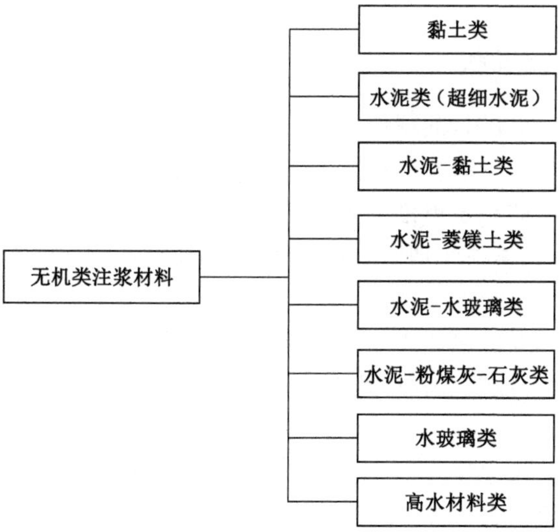

图 4-24　无机注浆材料分类

有机注浆材料可注性好，能注入细小裂隙或孔隙，固结强度从几兆帕至几十兆帕，具有较高的强度和良好的韧性，适用于不同工程目的，但价格高，大量使用会显著增加成本；一般化学浆材耐久性较差，大多数都有一定毒性；发泡型材料一般抗变形能力较低。有机注浆材料分类如图 4-25 所示。

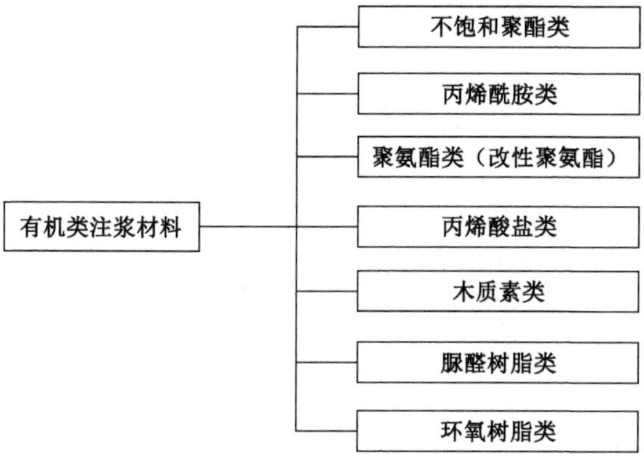

图 4-25　有机注浆材料分类

添加剂也是注浆材料研发的重要方面，常用的无机注浆材料添加剂有水泥速凝剂、水泥速凝早强剂、水泥塑化剂、水泥悬浮剂等，此外根据注浆目的的不同，还需研发不同种类的添加剂，如缓凝剂、减水早强剂、膨胀剂、流动剂、加气剂、防析水剂等。

综上，无机材料注浆特点为结石强度高、抗变形能力强、耐久性好、材料来源丰富、成本低、工艺设备简单、品种齐全，但浆液容易离析、沉淀、稳定性较差、难以注入岩层的细小裂隙或孔隙中、扩散半径较小、凝结时间不易控制。目前，没有任何一种注浆材料能够达到理想要求。因此，在注浆工程中，应针对注浆对象，选择合理的注浆材料或者进行多种注浆材料选择。

4.2.2 注浆理论研究现状

随着注浆技术的广泛应用，其理论和技术得到快速发展，国内外学者针对不同条件浆液流动特点进行了分析，提出了诸多针对特定条件的注浆理论，涵盖了流体力学、固体力学、岩石力学等多门学科，已有的注浆理论主要有渗透注浆理论、裂隙岩体注浆理论、压密注浆理论、劈裂注浆理论、电动化学注浆理论、高压喷射注浆理论等。

(1) 渗透注浆理论

渗透注浆理论认为，在注浆压力作用下，浆液克服阻力渗入孔隙或裂隙，压力越大，吸浆量及浆液扩散距离越大。注浆过程中地层结构不受扰动和破坏，注浆压力较小。

① 球形扩散理论

a. Magg 公式：1938 年 Maag 以牛顿流体为基础，推导出砂层中浆液的球状扩散理论，地基中注入均质浆液，流动为层流，不考虑密度差别，浆液黏度不变：

$$t=\frac{nr^2}{Kh}\left[\frac{\beta}{3}\left(\frac{R^3}{r^3}-1\right)-\frac{\beta-1}{2}\left(\frac{R^2}{r^2}-1\right)\right] \tag{4-1}$$

式中 t——注浆时间；

K——渗透系数；

h——注浆压力水头；

β——浆液与水黏度比；

R——浆液扩散半径；

r——注浆孔半径；

n——土的孔隙率。

随着注浆技术的发展，马海龙、杨敏等学者将土体作为理想塑性体，以 Tresca 屈服准则为指导，在 Magg 公式基础上，得出了土体劈裂球形扩散公式。

b. Raffle-Greenwood 公式：Raffle 和 Greenwood 对 Magg 公式进行了改进，考虑了地下水静压作用，注浆后孔隙水运动并产生黏性阻力损失。

$$t=\frac{R^2n}{Kh}\left[\frac{\beta}{3}\left(\frac{R^3}{r^3}-1\right)-\frac{\beta-1}{2}\left(\frac{R^2}{r^2}-1\right)\right] \tag{4-2}$$

式中 t——注浆时间；

h——注浆压力水头；

β——浆液与水黏度比；

R——浆液扩散半径；

r——注浆孔半径；

n——土的孔隙率；

K——土的渗透系数。

c. Karol 公式

$$r=0.62\sqrt{\frac{1}{\mu}\frac{Q_g\mu_g}{n}} \tag{4-3}$$

式中 r——浆液扩散半径；

Q_g——注浆量；

μ——水黏度；

μ_g——浆液黏度；

n——介质孔隙率。

② 柱形扩散理论

a. 浆液柱状扩散公式：Prison 提出浆液柱状扩散理论，浆液渗透按圆柱状进行考虑，浆液渗透公式为：

$$t = \frac{2.3Q\mu\ln(R/r)}{2nK(p_0 - p_w)} \tag{4-4}$$

式中　t——注浆时间；

Q——注浆量；

μ——流体黏度；

p_0——注浆压力；

p_w——水压力；

n——土的孔隙率；

R——浆液扩散半径；

r——注浆孔半径；

K——渗透系数。

b. 袖套管注浆公式：假定浆液在土体中做紊流运动。

$$R = 2\sqrt{\frac{t}{n}\sqrt{\frac{K_w\nu_g Hr_c}{d_e}}} \tag{4-5}$$

式中　R——浆液扩散半径；

t——注浆时间；

n——孔隙率；

K_w——水的渗透系数；

ν_g——浆液运动黏度；

H——注浆压头与地下水压头之差；

r_c——注浆管半径；

d_e——土体有效粒径。

c. 宾汉姆流体扩散理论公式：宾汉姆流体无理论模型，浆液极限扩散半径为：

$$R_L = (\rho_w gHb)/(4\tau_0) \tag{4-6}$$

式中　H——注浆压头与地下水压头之差；

ρ_w——水密度；

R_L——浆液极限扩散半径；

b——缝宽；

τ_0——剪切应力；

g——重力加速度。

渗透注浆理论认为浆液流动服从达西定律（线性渗透定律），即土体或岩层中浆液渗透速度与水力梯度成正比。

(2) 裂隙岩体注浆理论

该理论假设裂隙为二维光滑裂隙,张开度一定,忽略注浆压力引起的裂隙开度变化。浆液按牛顿流体或宾汉姆流体考虑,浆液呈圆盘状扩散。

① Baker 公式:1974 年 Baker 采用平行板裂隙模型,研究了牛顿流体在裂隙内的流动过程,改进的 Baker 公式为:

$$p_0 - p = \frac{6\mu}{\pi\delta^3}\ln\frac{R}{r} + \frac{3\rho Q^2}{20\pi^2\delta^2}\left(\frac{1}{r^2} - \frac{1}{R^2}\right) \tag{4-7}$$

式中 p_0——注浆压力;

p——浆液前锋面压力;

μ——浆液黏度;

R——浆液扩散半径;

r——钻孔半径;

ρ——浆液的密度;

Q——浆液流量;

δ——裂隙开度。

② 刘嘉才公式:

中国水利水电科学研究院刘嘉才针对牛顿流体浆液在裂隙中的扩散,推导出如下公式:

$$p = p_0 - \frac{6\mu Q}{\pi b^3}\ln\frac{R}{r} \tag{4-8}$$

式中 p——半径 R 处的压力;

p_0——灌浆孔内的压力;

R——浆液扩散半径;

r——灌浆孔半径;

μ——浆液黏度;

Q——浆液流量;

b——缝宽。

③ 佳宾方程:

$$r_g H = \frac{3\tau_0}{b}(R - r_c) + \frac{6\mu Q}{\pi b^3}\ln\frac{R}{r_c} \tag{4-9}$$

式中 R——浆液扩散半径;

τ_0——剪切应力;

r_c——钻孔半径;

r_g——灌浆孔半径;

μ——浆液黏度;

b——缝宽;

Q——浆液流量;

H——注浆压头与地下水压头之差。

④ Wittke 方程:

$$R(\varphi) = [r_c + br_g H/(2\tau_0)]/l + [b/(2\tau_0)](r_g - r_w)\sin\alpha\cos\varphi \tag{4-10}$$

式中　r_c——钻孔半径；

r_g——注浆半径；

τ_0——剪切应力；

r_w——孔隙通道半径；

l——孔隙通道的实际长度；

b——缝宽；

α——旋转角；

φ——内摩擦角；

H——注浆压头与地下水压头之差。

⑤ 石达民公式：针对时变性牛顿流体，石达民推导了浆液流动为一维层流时的压力变化规律：

$$p(x,t)=p_1-\frac{p_1-p_0\mu(t)}{L_{\max}\mu(0)} \tag{4-11}$$

式中　p_0——注浆压力；

p_1——浆液前锋面压力；

$L_{\max}$——孔隙通道最大长度；

μ——流体黏度。

⑥ 杨晓东公式：忽略浆液流动惯性及重力作用，杨晓东得出宾汉姆流体在裂隙中做低雷诺数的平面径向层流扩散，其方程为：

$$p=p_0-\frac{3\tau_B}{H}(R-r)-\frac{6\mu Q}{\pi h^3}\ln\frac{R}{r} \tag{4-12}$$

式中　p——浆液前锋面压力；

p_0——注浆压力；

τ_B——剪切应力；

μ——浆液黏度；

Q——浆液流量；

R——浆液扩散半径；

r——钻孔半径；

H——孔内与扩散距离 R 处的压头之差。

⑦ 哈根-泊萧叶公式：牛顿流体单位时间内通过单个孔隙的流量为：

$$q(r)=\frac{\pi}{8}\frac{\Delta p}{l_t}\frac{r^4}{\mu} \tag{4-13}$$

式中　r——孔隙通道半径；

Δp——截面压差；

l——孔隙通道的实际长度；

μ——浆液黏度。

⑧ 苏联学者将裂隙简化为光滑平行板，流体不可压缩，通过试验导出单个裂隙水流运动的立方定律：

$$q=\frac{\rho g}{12\mu}b^3\frac{\Delta H}{L} \tag{4-14}$$

式中 r——管道半径；

ρ——浆液的密度；

g——重力加速度；

b——缝宽；

ΔH——管道两端的压差；

L——管道长度；

μ——流体黏度。

此外还有 Louis 公式、Lombardi 公式、Amadei 公式等。

(3) 压密注浆理论

该理论认为，注浆过程中，浆液对周围岩体产生挤压，可提高围岩强度；注浆过程中围岩结构不破坏。Y. Lagolnitzner 等用活塞试验了压密注浆浆液的可注性。

(4) 劈裂注浆理论

该理论认为，在注浆压力作用下，浆液克服围岩应力，围岩在最小主应力面上发生劈裂，产生破坏，使原有裂隙扩张或形成新裂隙，浆液渗入新劈裂裂隙，从而可提高围岩强度。

(5) 电动化学注浆理论

该理论认为，将带孔注浆管设为阳极，滤水管为阴极，将溶液由阳极压入围岩，通直流电，在电渗作用下，孔隙水由阳极流向阴极，促使通电区域土的含水量降低，并形成渗浆通路，化学浆液也随之流入围岩的孔隙中，并在围岩中固结。

(6) 高压喷射注浆理论

该理论认为，将带有特殊喷嘴的注浆管置于土层预定深度，以高压喷射流使固化浆液与土体混合，凝固硬化加固土体，有单管、双管、三管、多管等多种方法。

4.2.3 强动压巷道破碎围岩注浆材料研发

随着我国煤矿开采深度不断向千米级延伸，强动压巷道围岩在采动应力反复扰动下呈现显著的时效性劣化特征。受采掘活动形成的超前支承压力、侧向残余应力及构造应力叠加影响，围岩结构经历“破碎—离层—裂隙扩展”的恶性循环，逐渐演变为非连续承载体系，从而导致巷道收敛速率达常规巷道的 3～5 倍。传统锚杆-钢带支护体系虽能提供初期表面约束，但难以抑制深部裂隙的持续发育，更无法重构破碎岩体的整体承载能力。在此背景下，注浆加固技术因能够深入裂隙网络、胶结破碎岩块、恢复围岩完整性的独特优势，成为破碎围岩治理的核心手段。然而，现有注浆材料在强动压环境下面临四大技术瓶颈：

其一，常规水泥基浆液颗粒粒径普遍大于 40 μm，对 0.1 mm 级微裂隙的渗透率不足 30%，形成大量未充填的“隐蔽通道”；

其二，浆液凝固调控缺乏动态响应能力，初凝时间与围岩变形速率失配率达 45%，导致注浆体尚未形成强度即因围岩持续变形发生开裂，引发“注浆—失效—再破坏”的工程灾害；

其三，浆岩界面黏结强度普遍低于 1 MPa，在高应力环境下易发生剪切滑移，实测数据显示，动压扰动后界面强度衰减率高达 70%；

其四，注浆体抗疲劳性能薄弱，在周期性动压冲击下脆性断裂特征显著，平均使用寿命不足 3 个月即出现结构性破坏。

据中国煤炭工业协会统计，深部矿井注浆修复工程中约 65%的失败案例可追溯至材料性能缺陷，由此导致的巷道返修成本占矿井总维护费用的40%以上。这种技术困境不仅威胁着矿工生命安全，更严重制约着千万吨级工作面的采掘接续效率。因此，研发具有自适应调控、高渗透性、强韧化特性的智能注浆材料，已成为突破强动压巷道围岩控制技术瓶颈、保障深部资源安全高效开采的迫切需求。

(1) 单液注浆加固材料

单液注浆加固材料是一种以特种无机材料作为胶凝主材，掺加高效复合外加剂，经过特殊工艺配制而成的一种具有快凝可调、强度可控、黏结性强、微膨胀性优异、可注性好、操作施工简单、安全、环保等优良特性的无机注浆加固材料。

① 产品性能特点

a. 凝固时间合理；

b. 早期强度高，后期强度有保证；

c. 物料流动性好，与煤层缝隙的黏结能力强，有利于形成整体稳固结构；

d. 微膨胀，有利于填充煤层缝隙；

e. 操作施工简单，易掌握。

② 技术参数

单液注浆加固材料技术参数如表4-2所示。

表4-2 单液注浆加固材料技术参数

初凝时间/min	≤50(可根据施工情况调整)
终凝时间/min	≤120
抗压强度/MPa	≥70(按照0.3∶1水灰比调配)
阻燃性能	阻燃
反应最高温度/℃	≤50

(2) 速效堵漏堵水双组分注浆材料

该产品为双组分A料和B料，按0.5～0.7水料比分别制备成浆液，将A浆液和B浆液按1∶1质量比进行调配，通过专用双液注浆泵进行施工。所得注浆材料凝结时间为2～10 min，1 d抗压强度可超过10 MPa且可调，28 d抗压强度可超过40 MPa。该产品主要用于煤矿巷道淋水、渗漏、突涌水的注浆防渗堵漏；带水环境的填充、加固和超前注浆。其性能特点：

① 在水下带水施工时具有良好的施工性能和抗水分散性，在水中可快速硬化；

② 优良的自流平性和抗分散性，可有效填充腔体和裂隙，降低浆体被水稀释和分散造成的性能强度损失，减小注浆时的水质污染；

③ 固化后早期强度高、发展快，后期强度高且不倒缩；

④ 黏结性好，与煤层、岩层或钢筋之间的黏结力强；

⑤ 硬化固结体具有较高的体积稳定性，微膨胀，可避免由于收缩产生裂纹而造成的性能下降。

(3) 高强双组分速凝注浆材料

该产品为双组分A料和B料，按0.25～0.5水料比分别制备成浆液，将A浆液和B浆液按 1∶1 质量比进行调配，通过专用双液注浆泵进行施工。注浆材料凝结时间为 2～10 min，1 h 抗压强度可超过 10 MPa 且可调，28 d 抗压强度可超过 60 MPa。该产品主要用于煤矿巷道加固、超前注浆；也可用于淋水、渗漏的注浆防渗堵漏。其性能特点：

① 具有优良的可自流平性；

② 固化后早期强度高、发展快，后期强度高且不倒缩；

③ 黏结性好，与煤层、岩层、混凝土层或钢筋之间的黏结力强；

④ 硬化固结体具有较高的体积稳定性，微膨胀，可避免由于收缩产生裂纹而造成的性能下降。

(4) 围岩无机高强加固注浆材料

该产品为单组分粉料，按 0.25～0.5 水料比制备成浆液，通过专用注浆泵进行施工。注浆材料凝结时间为 2～10 min，1 h 抗压强度可超过 10 MPa 且可调，28 d 抗压强度可超过 80 MPa。该产品主要用于软煤、碎煤层超前注浆加固，巷道加固，“三软”煤层加固等；也可用于微量淋水、渗漏的注浆防渗堵漏。其性能特点：

① 优良的自流平性；

② 优良的可注性和扩散特性；

③ 早期强度高、发展快，后期强度高且不倒缩；

④ 黏结性好，与碎煤、碎岩等之间的黏结力强。

4.3 本章小结

(1) 通过实现掘进与支护的平行作业，快速支护台车可显著缩短成巷时间，适应复杂地质条件，增强支护的稳定性和可靠性。该设备的机械化、自动化操作可降低劳动强度，提高作业安全性，并推动煤矿掘进和支护作业的智能化发展。

(2) 渗透注浆理论、裂隙岩体注浆理论、压密注浆理论、劈裂注浆理论等注浆理论的发展，为不同地质条件下的注浆工程提供了理论支持。针对强动压环境下围岩破碎的问题，研发了多种注浆材料，包括单液注浆加固材料、速效堵漏堵水双组分注浆材料、高强双组分速凝注浆材料和围岩无机高强加固注浆材料。

5　近距离跨采底板巷道围岩控制及工艺参数优化

在近距离跨采条件下，底板巷道围岩受采动应力的影响尤为显著，容易引发应力集中、围岩变形加剧甚至失稳等问题。本章基于圆形巷道弹性解与FLAC3D数值模拟方法，深入揭示了高支承压力下巷道帮部优先破坏的力学机制。通过建立直角梯形薄板力学模型，推导了调斜采场顶板破断的临界推进步距解析解。同时，基于安全岩柱厚度理论，对巷道支护区域进行了科学划分，明确了加强支护段与常规支护段的界限。在此基础上，提出了跨石门开采分段支护技术，为近距离跨采条件下底板巷道的围岩控制提供了理论依据和技术支撑。该研究为优化巷道支护设计、提升巷道稳定性提供了重要的参考价值。

5.1　近距离跨采强动压巷道围岩控制机理

5.1.1　采动影响下巷道底鼓破坏机理

第2章对跨采工作面底板采动应力分布规律进行了分析，本章节在此基础上进一步对底板巷道在受支承压力加载作用下的力学响应进行研究。实际工程中，巷道断面一般为半圆拱形或者矩形，但是就力学模型求解难度而言，半圆拱形巷道开挖模型目前尚没有解析解，而对于矩形巷道虽然有许多学者应用复变函数理论进行了求解，但推导过程和分析难度过于复杂。因此，本节对不同支承压力作用下的圆形巷道开挖模型进行理论分析，并结合数值软件对不同支承压力作用下的矩形巷道进行分析。

假设底板圆巷的水平载荷对称于竖轴，竖向载荷对称于横轴；竖向载荷为 p_0，横向载荷为 λp_0，并设 $\lambda<1$，力学模型如图5-1所示。由于结构本身对称(载荷不对称)，上述问题可应用已有的结论通过叠加原理解决。

可将载荷进行如下分解：

$$\begin{cases} p_0 = p + p' \\ \lambda p_0 = p - p' \end{cases} \tag{5-1}$$

求解式(5-1)得：

$$\begin{cases} p = \dfrac{1}{2}(1+\lambda)p_0 \\ p' = \dfrac{1}{2}(1-\lambda)p_0 \end{cases} \tag{5-2}$$

则上述一般圆巷的弹性应力状态为载荷分解后的两种情况的叠加。

(1) 情况Ⅰ的解

因是轴对称问题，情况Ⅰ有应力解：

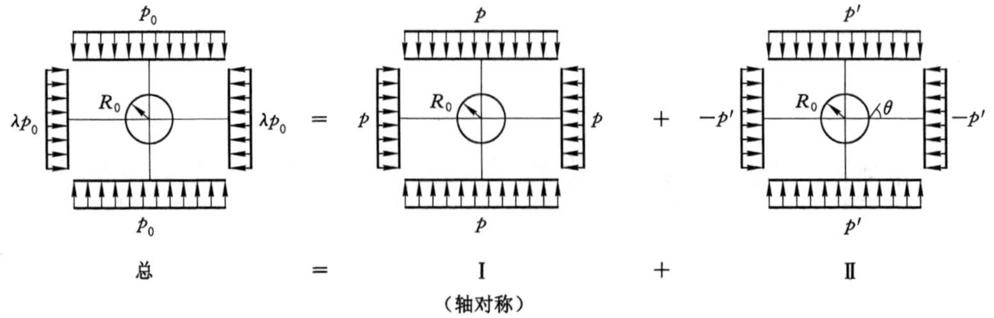

图 5-1　受采动影响底板巷道力学模型

$$\left.\begin{matrix}\sigma_\theta \\ \sigma_r\end{matrix}\right\} = p\left(1 \pm \frac{R_0^2}{r^2}\right) = \frac{1}{2}(1+\lambda)p_0\left(1 \pm \frac{R_0^2}{r^2}\right) \tag{5-3}$$

(2) 情况Ⅱ的解

根据情况Ⅱ的边界条件,有如下情况。

对于内边界,有:

$$r = R_0, \sigma_r = \tau_{r\theta} = 0 \tag{5-4}$$

对于外边界,应用莫尔圆应力关系,有:

$$\begin{cases}\sigma_r = \dfrac{\sigma_1 + \sigma_3}{2} + \dfrac{\sigma_1 - \sigma_3}{2}\cos 2\alpha \\ \tau_{r\theta} = \dfrac{\sigma_1 - \sigma_3}{2}\sin 2\alpha\end{cases} \tag{5-5}$$

式(5-5)中,$\sigma_1 = p'$,$\sigma_3 = -p'$,$\alpha = 90° - \theta$(图 5-1),代入式(5-5)即得 $r \to \infty$ 时外边界应力条件:

$$\begin{cases}\sigma_r = -p'\cos 2\theta \\ \sigma_{r\theta} = p'\sin 2\theta\end{cases} \tag{5-6}$$

由式(5-4)和式(5-6)所示的应力边界条件可以看出,情况Ⅱ的应力解明显与 r,2θ 有关。取应力函数:

$$\varphi = f(r)\cos 2\theta \tag{5-7}$$

将 φ 代入双调和方程,有:

$$\left(\frac{\partial^2}{\partial r^2} + \frac{1}{r}\frac{\partial}{\partial r} + \frac{1}{r^2}\frac{\partial^2}{\partial \theta^2}\right)\left(\frac{\partial^2 f}{\partial r^2} + \frac{1}{r}\frac{\partial f}{\partial r} - \frac{4f}{r^2}\right)\cos 2\theta = 0 \tag{5-8}$$

式(5-8)化简为:

$$\frac{d^4 f}{dr^4} + \frac{2}{r}\frac{d^3 f}{dr^3} - \frac{9}{r^2}\frac{d^2 f}{dr^2} + \frac{9}{r^3}\frac{df}{dr} = 0 \tag{5-9}$$

式(5-9)的通解为:

$$f(r) = Ar^4 + Br^3 + C + Dr^{-2} \tag{5-10}$$

解得:

$$\begin{cases}\sigma_r = -\left(2B + \dfrac{4C}{r^2} + \dfrac{6D}{r^4}\right)\cos 2\theta \\ \sigma_\theta = \left(12Ar^2 + 2B + \dfrac{6D}{r^2}\right)\cos 2\theta \\ \tau_{r\theta} = \left(6Ar^2 + 2B - \dfrac{2C}{r^2} - \dfrac{6D}{r^4}\right)\sin 2\theta\end{cases} \tag{5-11}$$

根据边界条件求解积分常数，得：

$$A = 0, B = \frac{p'}{2}, C = p'R_0^2, D = \frac{1}{2}p'R_0^4 \tag{5-12}$$

将式(5-12)代入式(5-11)，即得情况Ⅱ的应力解：

$$\begin{cases}\sigma_r = p'\left(1 - 4\dfrac{R_0^2}{r^2} + 3\dfrac{R_0^4}{r^4}\right)\cos 2\theta \\ \sigma_\theta = p'\left(1 + 3\dfrac{R_0^4}{r^4}\right)\cos 2\theta \\ \tau_{r\theta} = p'\left(1 + 2\dfrac{R_0^2}{r^2} - 3\dfrac{R_0^4}{r^4}\right)\sin 2\theta\end{cases} \tag{5-13}$$

从而可得总应力解：

$$\begin{cases}\sigma_r = \dfrac{1}{2}(1+\lambda)p_0\left(1 - \dfrac{R_0^2}{r^2}\right) - \dfrac{1}{2}(1-\lambda)p_0\left(1 - 4\dfrac{R_0^2}{r^2} + 3\dfrac{R_0^4}{r^4}\right)\cos 2\theta \\ \sigma_\theta = \dfrac{1}{2}(1+\lambda)p_0\left(1 + \dfrac{R_0^2}{r^2}\right) + \dfrac{1}{2}(1-\lambda)p_0\left(1 + 3\dfrac{R_0^4}{r^4}\right)\cos 2\theta \\ \tau_{r\theta} = \dfrac{1}{2}(1-\lambda)p_0\left(1 + 2\dfrac{R_0^2}{r^2} - 3\dfrac{R_0^4}{r^4}\right)\sin 2\theta\end{cases} \tag{5-14}$$

将式(5-14)转化为直角坐标下的应力解：

$$\begin{cases}\sigma_x = \sigma_r\cos^2\theta + \sigma_\theta\sin^2\theta - 2\tau_{r\theta}\sin\theta\cos\theta \\ \sigma_y = \sigma_r\sin^2\theta + \sigma_\theta\cos^2\theta + 2\tau_{r\theta}\sin\theta\cos\theta \\ \tau_{xy} = (\sigma_r - \sigma_\theta)\sin\theta\cos\theta + \tau_{r\theta}(\cos^2\theta - \sin^2\theta)\end{cases} \tag{5-15}$$

求得最大主应力：

$$\sigma_1 = \frac{\sigma_x + \sigma_y}{2} + \sqrt{\left(\frac{\sigma_x - \sigma_y}{2}\right)^2 + \tau_{xy}^2} \tag{5-16}$$

式中 p_0——原岩应力；

λ——侧压系数；

p——垂直应力；

R_0——巷道半径；

$\sigma_1, \sigma_2, \sigma_3$——最大主应力、中间主应力、最小主应力；

r——距巷道中心距离；

σ_r, σ_θ——切向应力和径向应力；

$\tau_{r\theta}$——剪切应力；

A, B, C, D——积分常数。

将上述公式代入 Matlab 软件进行计算，最大主应力计算结果如图 5-2 所示，圆形巷道半径为 2 m，侧向施加载荷均为 1 MPa，竖向施加载荷为 1～4 MPa。由图 5-2(a)可知，双向等压作用下，最大主应力在巷道周围呈环形分布，最大主应力为 2 MPa；图 5-2(b)中最大主应力为 5 MPa，分布在巷道两侧位置；图 5-2(c)中最大主应力为 8 MPa，同样分布在巷道两侧位置；图 5-2(d)中最大主应力为 11 MPa，也分布在巷道两侧位置。总的来说，随着巷道所受竖向载荷的增加，最大主应力逐渐增大，且总分布在巷道侧向位置，这说明高支承压力下，巷道帮部要先于巷道顶底部发生破坏。

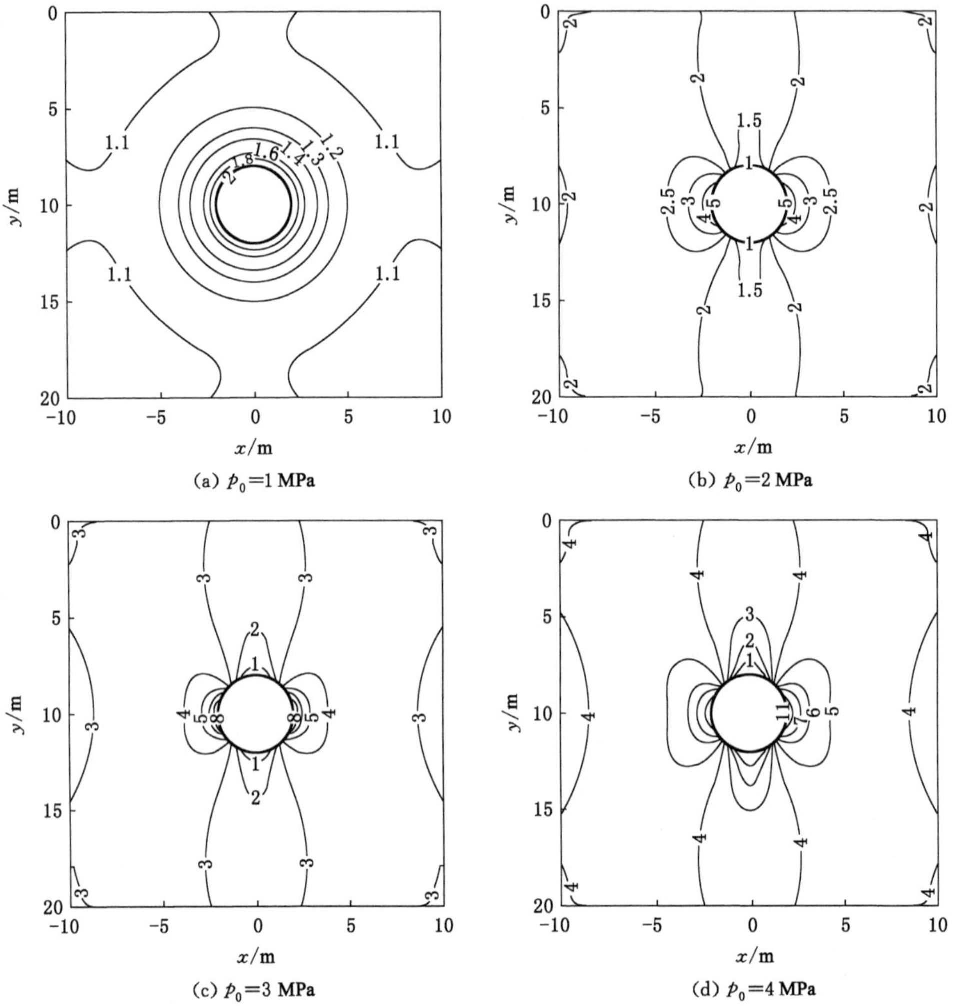

图 5-2　不同采动影响巷道的最大主应力分布图(图中的数值单位：MPa)

图 5-3 为采用 FLAC 数值软件模拟矩形巷道开挖后的主应力分布情况。模型上、下边界，左、右边界均施加载荷。矩形巷道宽 4 m，高 2 m。图 5-3(a)和图 5-3(b)分别为模型在竖直载荷和侧向载荷均为 1 MPa 情况下的最大主应力和最大剪应力图。图 5-3(c)和图 5-3(d)分别为模型在竖直载荷和侧向载荷均为 4 MPa 情况下的最大主应力和最大剪应力图。图中应力值为正值表示受拉，负值则表示受压。分析可以发现，不论边界载荷如何施加，最大主应力和最大剪应力都产生在矩形巷道的四个角点位置。图 5-3(c)中巷道顶、底板浅部位置主要受拉力，表明顶底板可能发生拉破坏，而图 5-3(d)中两帮位置的最大剪应力

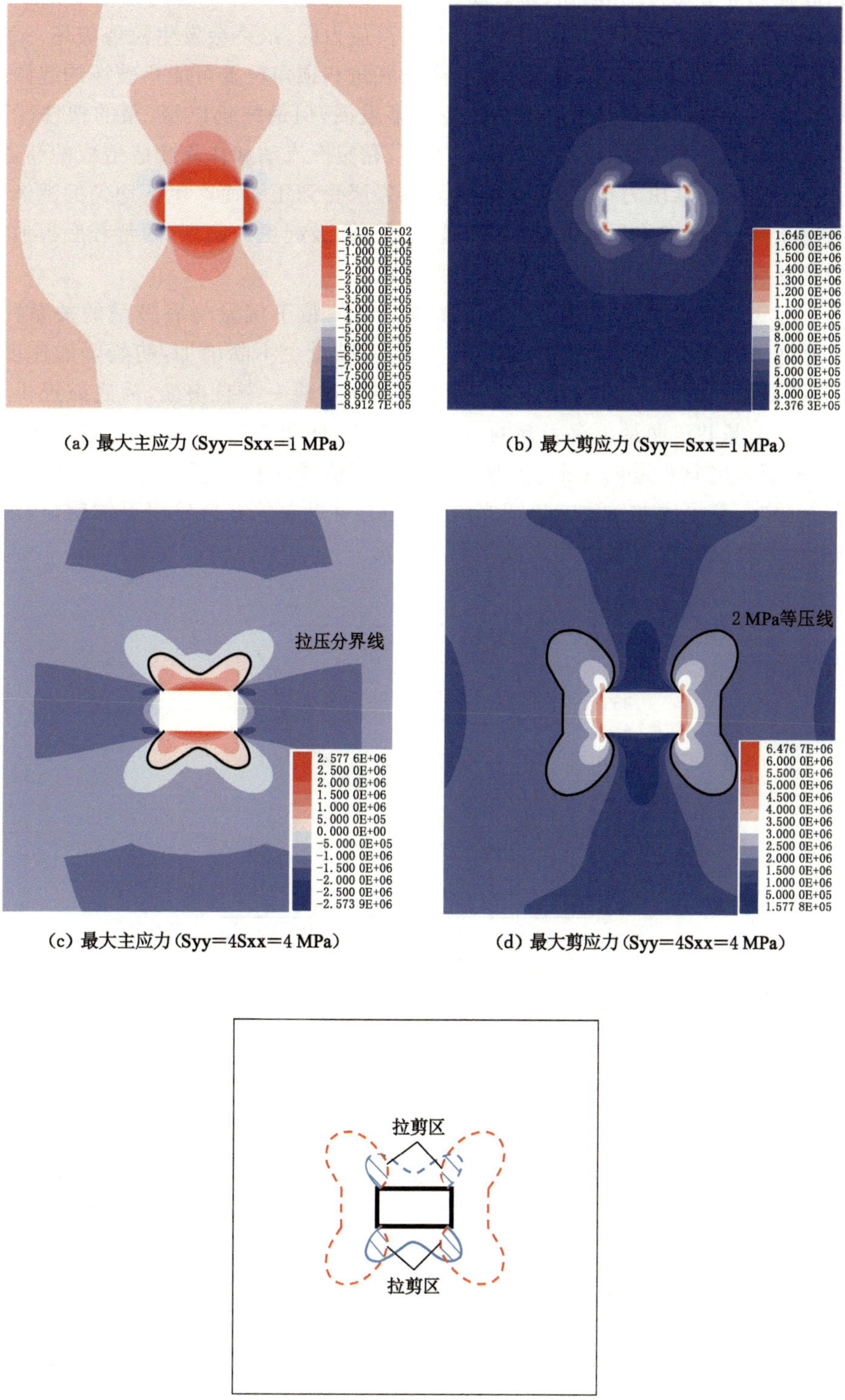

(a) 最大主应力(Syy=Sxx=1 MPa)　(b) 最大剪应力(Syy=Sxx=1 MPa)

(c) 最大主应力(Syy=4Sxx=4 MPa)　(d) 最大剪应力(Syy=4Sxx=4 MPa)

(e) 受力状态

图 5-3　矩形巷道模拟应力分布图

要大于顶底板处且主要为压应力状态。将图 5-3(c)和图 5-3(d)综合可绘制得到图 5-3(e)，矩形巷道四个角点位置既是高拉应力区，也是高剪应力区，最终会发生拉剪破坏。巷道两帮则可能发生压剪破坏。因此，实际巷道中巷道的底角和顶角位置可能是破坏的起始位置，随着帮、角塑性区的发展，其他部位的塑性区也逐渐发展，但最终仍以帮、角的塑性区最大；帮和底围岩塑性区发展愈大，则破裂围岩塑性变形、黏塑性流动和体积膨胀造成的巷道底鼓量也愈大。在煤柱高支承压力作用下，巷道围岩各岩层受到压缩而产生不均匀的整体下沉，引起巷道帮部下沉，帮下沉将促使底角、底板破裂、滑移、鼓起更为剧烈，两帮和底板愈松软，巷道底鼓量就愈大。

图 5-4 所示为文献中给出的 2 条不同条件巷道两帮下沉量与底鼓量的关系曲线。由图 5-4 可看出，随着两帮中点下沉量的增加，巷道底鼓量也不断增加，初始增加速度随之不断变化，最终呈线性增长。巷道开挖以后底部岩层会形成一个自由面，为底鼓提供了空间。巷道底鼓实质上是巷道两帮下沉引起的，当两帮下沉、底角破坏时，底板受到二次水平应力挤压，巷道底板岩层向巷道内压曲、扩容、膨胀，从而造成底板浅部鼓起，而顶板则下沉、离层。深部开采时，采深增加导致巷道围岩应力增大，对煤层的夹持作用更加明显，煤体的流动性(延展性)增加，两帮下沉引发底鼓将更加严重。

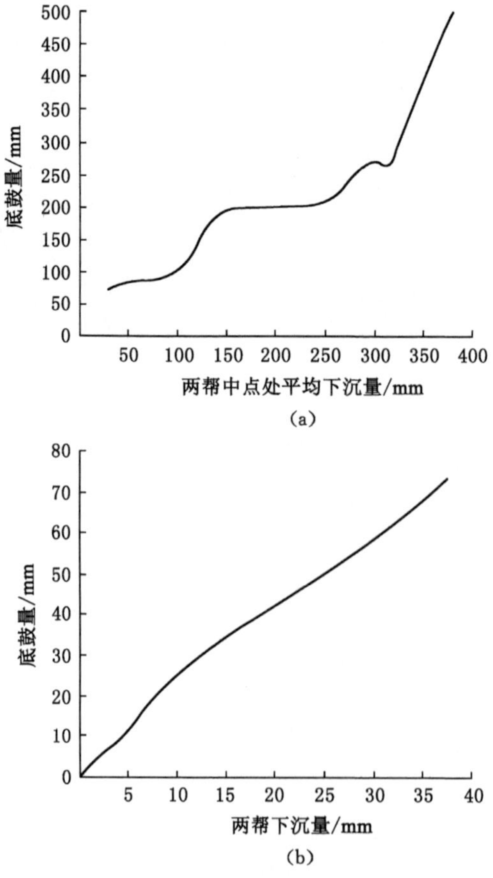

图 5-4　巷道两帮下沉量与底鼓量关系曲线

5.1.2 再造承载拱控制巷道围岩变形机理

近距离跨采底板巷道受上部采动影响大，治理该类巷道单独从巷道出发其效果必然不是很理想，为此，考虑系统的影响及支护系统的整体性，提出由整体到局部，由外场到内场的控制机理。即在第 3 章研究应力转移的基础上，通过巷道围岩注浆恢复巷道围岩的完整性，同时对围岩施加高预紧力，充分发挥主动支护的作用，在巷道围岩浅部形成一个具有较强承载能力的承载拱"壳体"，承载拱以外的破碎围岩用于分解上部采动应力，使得采动应力在跨巷开采以后形成的卸压区进行第一次"消化、吸收"，然后在承载拱以外的破碎区进行第二次"消化、吸收"，采动应力传递到再造承载拱时的破坏力作用降低，对重新恢复的承载体不造成破坏，从而达到维持巷道稳定的作用。

(1) "再生拱-巷道"围岩压力力学模型

由现场实测结果可知，在工作面开采的过程中，随着工作面开采的进行，采空区空间大幅度增加，覆岩移动范围急剧增大，工作面及巷道周边的岩层最终将完全位于垮落带形成松散岩体。覆岩的破碎程度与裂隙发育程度对巷道及工作面压力分布有很大的影响，覆岩呈散体结构使顶板支护范围进一步加大，在巷道周边构建再生拱可使巷道变形及上覆顶板压力减小，对后期巷道变形维护起到重要作用，这种情况下需要重新建立力学模型来确定上覆岩层压力。这种情况下围岩压力计算符合普氏理论的基本假设，采用普氏理论计算"再生拱-巷道"围岩压力。

普氏理论基本假设如下：

① 工作面开采后，邻近工作面的覆岩会发生垮落，将形成具有一定黏聚力的松散岩体。

② 松散岩体自身能够形成自然平衡拱结构，传递于工作面上方的垂直压力即自然平衡拱内松散岩体自重。

③ 自然平衡拱内的松散岩体只受压应力而不受拉应力。

普氏理论围岩压力计算模型如图 5-5 所示，为了求解自然平衡拱内覆岩压力，普氏选择坚固性系数 f 来表示岩体强度。其提出的经验公式为：

$$f = \frac{\sigma_c}{10} \tag{5-17}$$

式中 σ_c——岩体的单轴抗压强度，MPa。

建立巷道受自然平衡拱作用力学模型，如图 5-6 所示，$M(x,y)$为图中拱曲线上任意一点，对 M 点取矩，因自然平衡拱拱曲线上不存在拉应力，则可得力矩为 0，即

$$Ty - \frac{Qx^2}{2} = 0 \tag{5-18}$$

式中 Q——上覆岩层载荷，$Q=\gamma y$；

T——拱顶水平推力；

由静力平衡方程可得，拱顶与拱脚的水平推力大小相等，即 $T=T'$。在整个自然平衡拱结构中，拱脚更容易发生水平移动，因此，若上覆岩层能够保持自然平衡拱结构，则要求拱脚水平推力不大于该处产生的最大摩擦力，即须满足条件：

$$T' \leqslant Qa_1 f \tag{5-19}$$

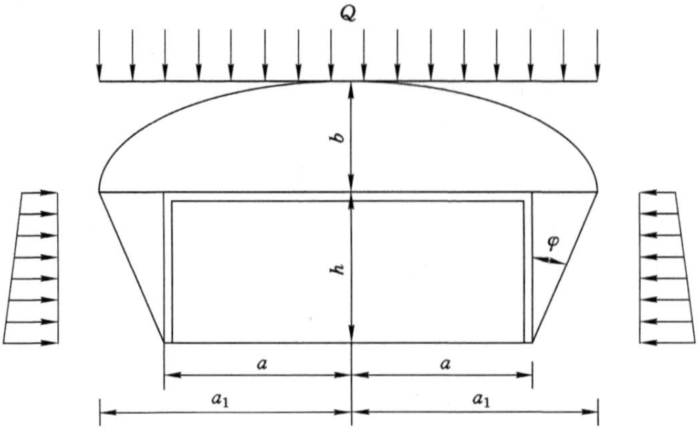

a—巷道宽度之半；a_1—自然平衡拱的最大跨度之半；b—自然平衡拱的最大高度；
h—支架高度；φ—岩石的内摩擦角。

图 5-5　围岩压力计算模型

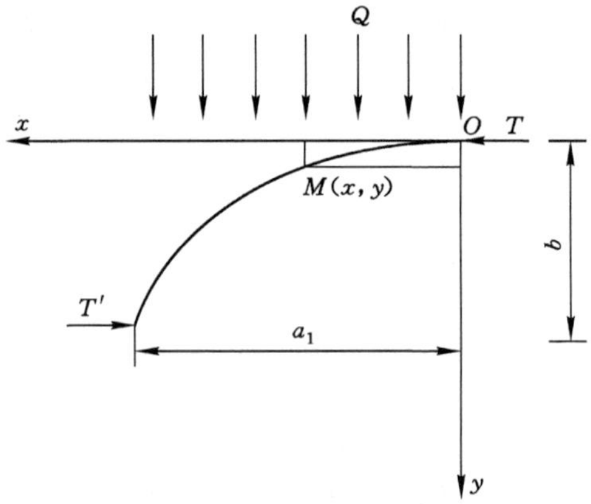

图 5-6　自然平衡拱计算示意

考虑动载荷、大尺度空间等安全因素影响，取最大摩擦力的一半作为临界值，以此判断自然平衡拱的稳定性，将 $T' = Qa_1f/2$ 代入式(5-18)可得拱曲线方程：

$$y = \frac{x^2}{a_1 f} \tag{5-20}$$

求得自然平衡拱内最大围岩压应力：

$$q_{\max} = \frac{a_1}{f}\gamma \tag{5-21}$$

(2) 再生承载拱最小半径确定

由式(5-20)可知，拱曲线是一条抛物线，可求得自然平衡拱的最大高度，即当 $x = a_1$、$y = b$ 时，可得：

$$b = \frac{a_1}{f} \tag{5-22}$$

式中 a_1——自然平衡拱的最大跨度；

b——自然平衡拱的最大高度。

a_1值可按式(5-23)计算：

$$a_1 = a + h\tan(45° - \frac{\varphi}{2}) \tag{5-23}$$

由此可知，再生拱只要能够将上覆破碎岩体全部胶结住，就可以使巷道免于破坏，同时减小巷道的围岩变形，则半圆拱的半径 R 需满足以下条件即可。

$$R = a_1 \text{ 且 } R = b + h \tag{5-24}$$

再生拱安全半径计算——根据巷道断面的实际情况，a=2.25 m，h=3.2 m，取 φ=45°。

$$a_1 = a + h\tan(45° - \frac{\varphi}{2}) = 2.25 + 1.33 = 3.58\ (\text{m})$$

$$R = b + h = 4.71 + 3.2 = 7.91\ (\text{m})$$

由式(5-24)可知，拱的半径大于 7.91 m 时，能够使巷道免于破坏，同时减小巷道的围岩变形，取安全系数为 1.5，则：

$$R_{安} = 7.91 \times 1.5 = 11.865\ (\text{m})$$

巷道实际半圆拱的半径为 12 m，满足要求。

(3) 再生承载拱抗拉破坏分析

将模型简化为平面半圆筒受力，半径为 R，拱的厚度为 h，半圆拱受均布载荷 q 的作用，半圆拱两端为简支梁约束，如图 5-7 所示。

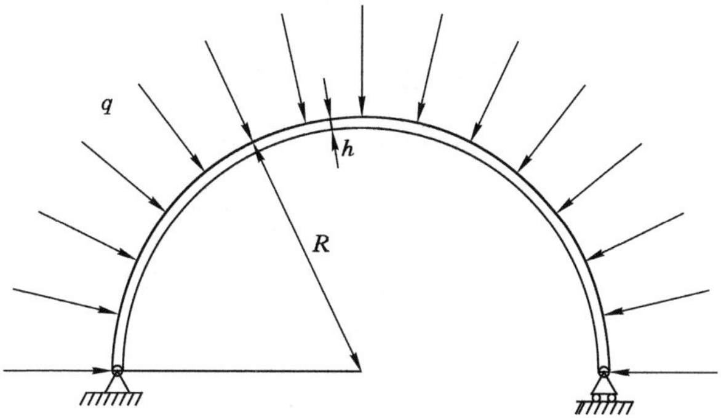

图 5-7 半圆筒受力简化模型

模型受力分析如图 5-8 所示。

根据平衡条件有：

$$\begin{cases} F_x = 0 \\ F_y = 0 \\ M_A = 0 \end{cases} \Rightarrow \begin{cases} F_{Ax} = 0 \\ F_{Ay} + F_B - \int_0^{\pi} qR\sin\theta \mathrm{d}\theta = 0 \\ 2RF_B - \int_0^{\pi} qR\sin\theta(R - R\cos\theta)\mathrm{d}\theta = 0 \end{cases} \tag{5-25}$$

由此可得：$F_{Ax}=0$，$F_{Ay}=F_B=qR$。

考虑拱的破坏由半圆拱梁的拉破坏造成，则需求解半圆拱梁所受最大弯矩 M_{max}，又因

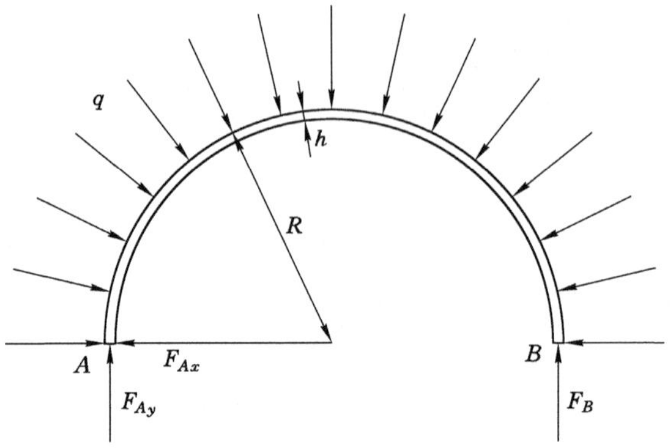

图 5-8　半圆筒受力分析

为梁的形状和受力都是以 y 轴为对称轴，则半圆拱梁所受弯矩也以 y 轴为对称轴，只需要考虑半圆拱梁的一半即可。

设任一圆弧角度 α 处的弯矩为 M_α，如图 5-9 所示，则弯矩 M_α 的计算式可表示为：

$$M_\alpha = qR^2 - qR^2\cos\alpha - M_q \tag{5-26}$$

式中　M_q——上覆岩层载荷 q 在圆弧角度 α 处端部产生的弯矩。

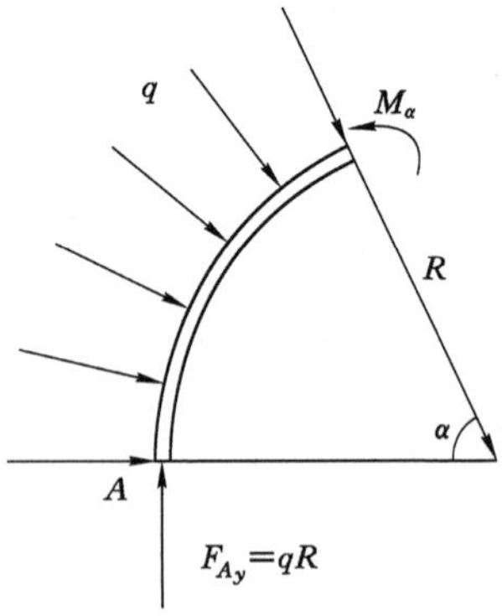

图 5-9　半圆拱梁截面所受弯矩

M_q 求法如图 5-10 所示。

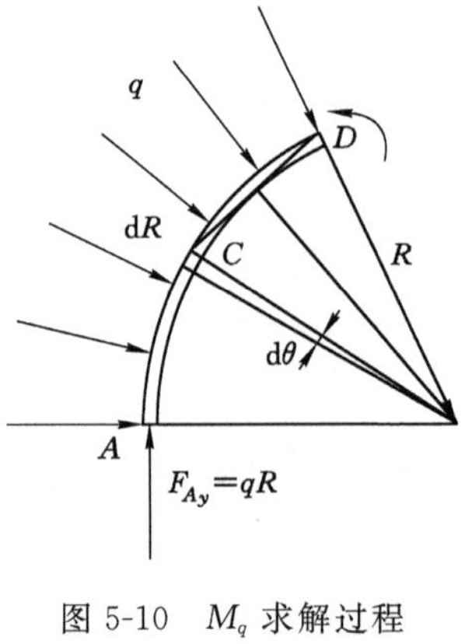

图 5-10　M_q 求解过程

微角度 $d\theta$ 对 D 端的弯矩为 $2qR^2\sin\frac{\alpha-\theta}{2}d\theta$。

$$M_q=\int_0^\alpha 2qR^2\sin\frac{\alpha-\theta}{2}d\theta=4qR^2-4qR^2\cos\frac{\alpha}{2} \tag{5-27}$$

则弯矩 M_α 的表示式为：

$$M_\alpha=-3qR^2-qR^2\cos\alpha+4qR^2\cos\frac{\alpha}{2} \tag{5-28}$$

半圆拱梁所受弯矩在拱内的变化关系如图 5-11 所示。

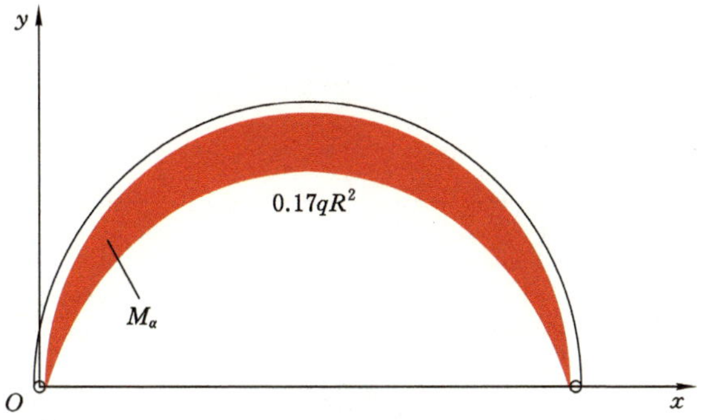

图 5-11　半圆拱梁所受弯矩图

半圆拱梁所受弯矩随角度的变化关系如图 5-12 所示。

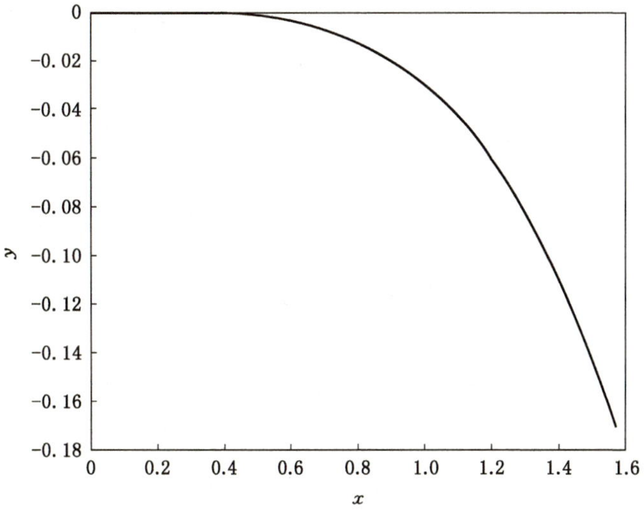

x—半圆拱梁的角度 α；y—$M_\alpha/(qR^2)$。

图 5-12　半圆拱梁所受弯矩与角度的关系

由此可得，当 α 取 $\pi/2$ 时，M_α 取得最大值，则：

$$M_{\max}=0.17qR^2$$

可计算出半圆拱梁所受的最大拉应力 $\sigma_{\max}$：

$$\sigma_{\max}=\frac{0.17qR^2}{\frac{h^2}{6}}=1.02\frac{qR^2}{h^2} \tag{5-29}$$

由式(5-29)可知，半圆拱梁所受的最大拉应力和上覆岩层载荷、拱的厚度及半圆拱半径有关，最大拉应力随着上覆岩层载荷的增加而增加，并且呈线性关系，随着拱的厚度的增加而急剧减小，呈非线性关系。由此可见，要保证半圆拱梁不发生拉破断，必须增加半圆拱的厚度。

① 令半圆形拱半径 R 为 14 m，则梁所受应力与上覆岩层载荷、拱厚的关系如图 5-13 所示。

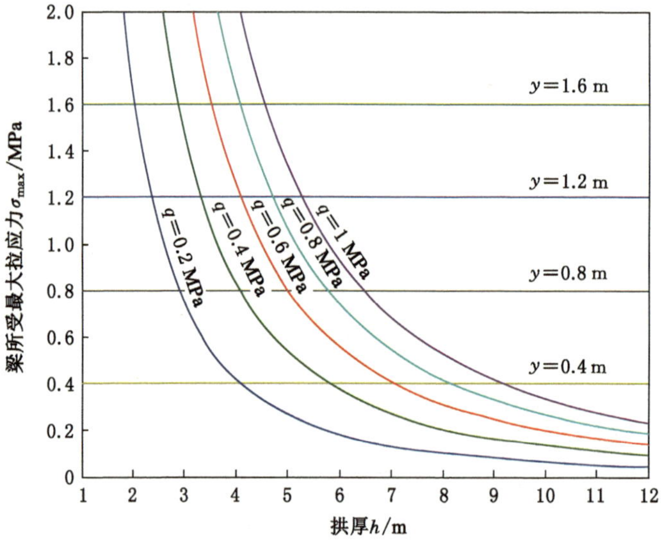

图 5-13　梁所受应力与上覆岩层载荷、拱厚的关系

② 令半圆形拱的拱厚 h 为 6 m，则梁所受应力与上覆岩层载荷、拱半径的关系如图 5-14 所示。

③ 上覆岩层载荷确定。由上述分析可知，再生拱上覆自然平衡拱高度随着巷道宽度的增加而增加，求得自然平衡拱内最大围岩压应力：

$$q_{\max}=\frac{R}{f}\gamma \tag{5-30}$$

代入具体数值，$\gamma\approx2.5\times10^4\ \mathrm{N/m^3}$，$R_{安}=11.865$ m，$f=0.76$，则：

$$q_{\max}=0.39\times10^6\ \mathrm{Pa}=0.39\ \mathrm{MPa}$$

④ 半圆拱拱厚确定。实际半圆拱半径 $R=12$ m，高水材料胶结体稳定抗拉强度为 0.92 MPa，上覆岩层载荷最大值为 0.39 MPa，根据式(5-29)可得半圆拱拱厚必须满足：

$$h\geqslant\sqrt{\frac{1.02q}{\sigma_{\max}}}R=7.9\ (\mathrm{m})$$

巷道实际半圆拱拱厚为 10 m，满足抗拉强度要求。

(4) 再生承载拱抗剪破坏分析

① 抗剪力学模型建立

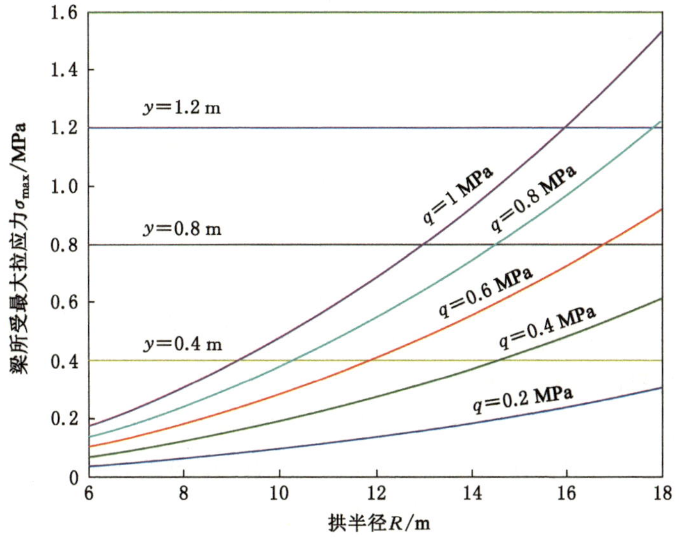

图 5-14　梁所受应力与上覆岩层载荷、拱半径的关系

圆形拱的内半径为 a，外半径为 b，外半径边缘受均布载荷 q 的作用，如图 5-15 所示。

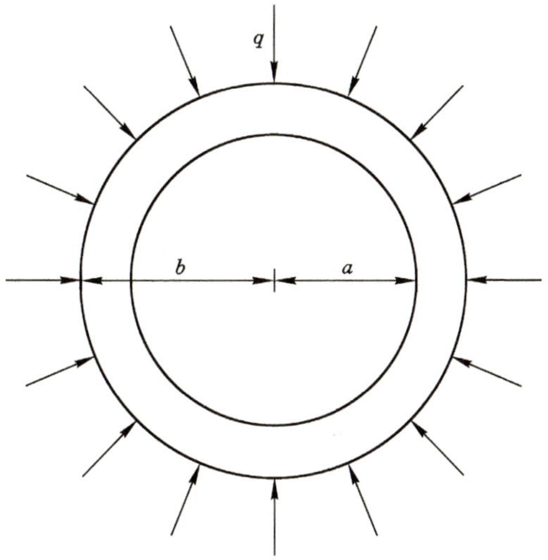

图 5-15　再生拱抗剪受力模型

极坐标系下应力分量与应力函数之间的关系为：

$$\begin{cases}\sigma_r = \dfrac{1}{r}\dfrac{\partial\varphi}{\partial r} + \dfrac{1}{r^2}\dfrac{\partial^2\varphi}{\partial\theta^2} \\ \sigma_\theta = \dfrac{\partial^2\varphi}{\partial r^2} \\ \tau_{r\theta} = -\dfrac{\partial}{\partial r}(\dfrac{1}{r}\dfrac{\partial\varphi}{\partial r})\end{cases} \tag{5-31}$$

显然，半圆拱的应力分布是轴对称的，平面轴对称问题的应力函数与角度 θ 无关，只是径向坐标 r 的函数，即 $\varphi=\varphi(r)$。将其代入式(5-31)可得：

$$\begin{cases}\sigma_r = \dfrac{1}{r}\dfrac{\mathrm{d}\varphi}{\mathrm{d}r} \\ \sigma_\theta = \dfrac{\mathrm{d}^2\varphi}{\mathrm{d}r^2} \\ \tau_{r\theta} = 0\end{cases} \tag{5-32}$$

协调方程为：

$$\left(\frac{\partial^2}{\partial r^2}+\frac{1}{r}\frac{\partial}{\partial r}+\frac{1}{r^2}\frac{\partial^2}{\partial\theta^2}\right)^2\varphi = 0 \tag{5-33}$$

联立式(5-32)和式(5-33)可得通解：

$$\varphi = At + B\mathrm{e}^{2t}t + C\mathrm{e}^{2t} + D \tag{5-34}$$

其中，A,B,C,D 为待定常数。$t=\ln r, r=\mathrm{e}^t$，则式(5-34)变为：

$$\varphi = A\ln r + Br^2\ln r + Cr^2 + D \tag{5-35}$$

由此可得：

$$\begin{cases}\sigma_r = A/r^2 + B(1+2\ln r) + 2C \\ \sigma_\theta = -A/r^2 + B(3+2\ln r) + 2C\end{cases} \tag{5-36}$$

圆形拱的边界条件为：

$$\sigma_r\big|_{r=a} = -q, \sigma_r\big|_{r=b} = 0$$

将边界条件代入式(5-36)可得：

$$\begin{cases}A/r^2 + B(1+2\ln r) + 2C = -q \\ -A/r^2 + B(3+2\ln r) + 2C = 0\end{cases} \tag{5-37}$$

式(5-37)中仅有 2 个方程，但有 3 个未知数，无法确定 A、B、C 的取值。这是因为圆环为多连体，需要借助位移单值条件来确定常数。由于环向位移应是单值，故 $B=0$。于是，可解得：

$$\begin{cases}A = \dfrac{a^2b^2q}{b^2-a^2} \\ B = \dfrac{a^2q}{b^2-a^2}\end{cases} \tag{5-38}$$

于是可解得圆形拱的径向和环向应力：

$$\begin{cases}\sigma_r = -\dfrac{b^2q}{b^2-a^2}(1-\dfrac{a^2}{r^2}) \\ \sigma_\theta = -\dfrac{b^2q}{b^2-a^2}(1+\dfrac{a^2}{r^2})\end{cases} \tag{5-39}$$

则整个拱脚所受的剪切力 F_S 为：

$$F_S = \int_a^b \sigma_\theta \mathrm{d}S = \int_a^b -\frac{b^2q}{b^2-a^2}(1+\frac{a^2}{r^2})\mathrm{d}S = -\frac{b^2q}{b+a}(1+\frac{a^2}{r^2}) \tag{5-40}$$

当 r 取 a 时，拱脚所受剪应力达到最大，最大值为：

$$\sigma_{\theta\max} = -\frac{2b^2q}{b^2-a^2} \tag{5-41}$$

② 半圆拱抗剪性能确定

实际半圆拱梁半径 $b=12$ m，$a=2$ m，上覆岩层载荷最大值为 0.39 MPa，根据式(5-41)可得半圆拱梁抗剪强度必须满足：

$$\sigma_{\theta\max}=\frac{2b^2q}{b^2-a^2}\approx 0.8\ (\mathrm{MPa})$$

巷道实际半圆拱胶结体达到稳定时的抗剪强度满足要求。

5.2　近距离跨采工作面调斜卸压护巷机理

5.2.1　工作面调斜跨巷开采技术

传统采矿时，当上部工作面推进至距底板巷道一定距离时，会留设一定宽度的煤柱，避免底板巷道受采动影响而发生破坏，尤其是近距离煤层群开采时，巷道距工作面较近，采动影响更加剧烈。然而，实际生产表明，除非留设宽度较大的煤柱，否则下部巷道很难完全避开上部煤层的采动影响，且煤柱集中应力持续作用在巷道顶板上，导致巷道破损严重，长期处于返修状态，在影响生产的同时，也会浪费大量人力和物力。

跨巷开采属于无煤柱开采工艺范畴，是煤矿采煤技术的一项重大革新，包括跨石门开采和跨上、下山开采以及跨硐室开采。相较留设煤柱保护底板巷道技术，跨巷开采时，工作面推进至巷道附近时，会连续推进通过巷道而不留设煤柱。除改善底板巷道围岩的应力环境，节省巷道维护费用以外，跨巷开采技术还具有其他的优势，包括：不留煤柱实现多回收煤炭资源；节省开切眼及辅助巷道工程量；减少一次搬家倒面，节省搬家费用；有利于实现稳产高产和缓和采掘接替紧张的局面。实际生产中，当工作面准备跨巷推进时，应调整工作面回采方向，使运输巷和回风巷错位推进，工作面呈伪倾斜布置，从而分散采动支承压力对巷道的同时作用长度，此即工作面调斜跨巷开采技术。一般来讲，工作面跨巷开采有两种调斜技术：俯伪斜开采(红色)和仰伪斜开采(蓝色)，如图 5-16 所示。

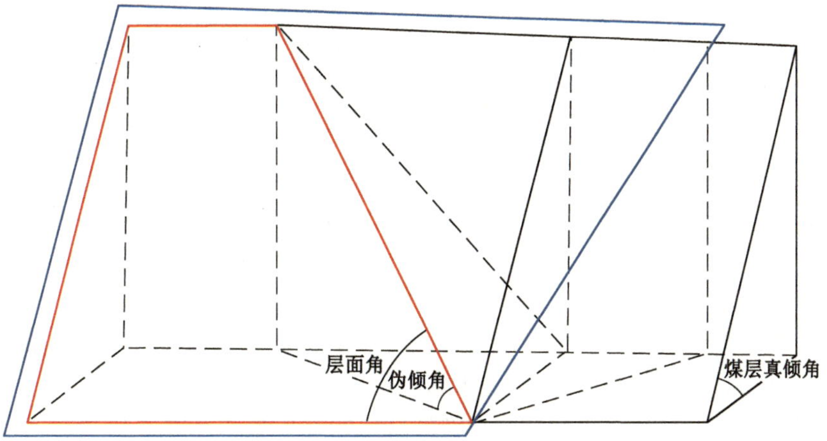

图 5-16　工作面调斜后采场平面图

图 5-17 为工作面调斜跨巷开采原理示意图，其特征为采煤工作面调成一定的角度使原来的矩形采场变成梯形采场，通过调节工作面的角度，超前支承压力的峰值“分段”经过跨采巷道，即工作面前方煤体的超前支承压力峰值并不是同一时刻都落在巷道内，从而改善底板巷道围岩的应力环境，减轻巷道支护系统的压力。需要指出的是，尽管该技术从 20 世纪 80 年代就在国内成功应用，但是跨采护巷的效果与煤层开采深度、跨采间距、巷道围岩的稳定性、巷道支护方式、煤层上覆岩层的构成、直接顶的稳定性以及基本顶来压显现等因素均有关系，跨巷关键技术如调斜工作面顶板来压判据以及巷内支护技术等并未得到深入研究，这也是本章的研究内容。

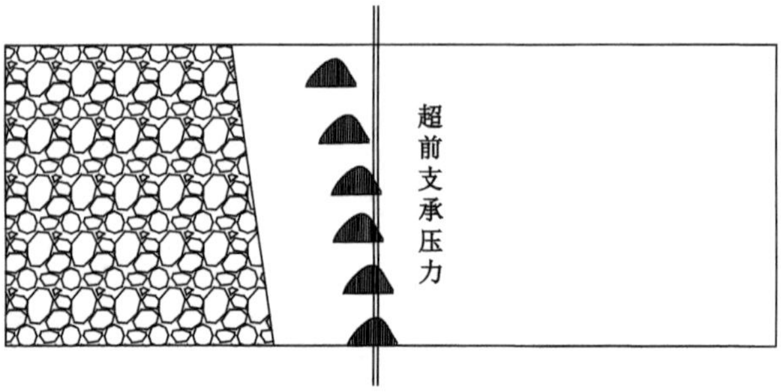

图 5-17　工作面调斜跨巷开采原理

5.2.2　工作面调斜采场顶板破断模型

(1) 顶板弯曲变形解析解

工作面调斜后，采场将由原先的矩形变为直角梯形，因此，可将影响工作面矿压显现的关键层即基本顶简化为直角梯形薄板进行分析，建立的力学模型如图 5-18 所示。假设坐标原点位于模型中面的 O 处；推进方向为 x 轴正方向，长为 $a+ky$，范围为$(0,a+ky)$；薄板的倾向为 y 轴正方向，长为 b，范围为$(0,b)$；z 轴正方向垂直于关键层向下。k 为调斜工作面的斜率的倒数，$k=1/\tan\alpha$。

如图 5-19 所示，上覆岩层对关键层的载荷可以简化为沿着煤层倾斜方向向下(沿 y 轴负方向)线性增加的载荷 $p(y)$，即 $p(y)=p_0-\gamma_1 y\sin\alpha$，式中，$p_0$ 为工作面下端头处上覆岩层载荷，MPa。$p(y)$ 可以分解为垂直于顶板的横向载荷$[p_1=p(y)\cos\alpha]$和平行于顶板且沿着 y 轴向下的纵向载荷$[p_2=p(y)\sin\alpha]$。

将关键层的重力 $G=\gamma_2 h_2$、水平构造力 $F_1=\lambda_1\gamma_2 h_2$，$F_2=\lambda_2\gamma_2 h_2$ 的作用(λ_1，λ_2 为侧压系数) 分解为垂直于顶板的横体力 $G_1=G\cos\alpha$，$F_{11}=F_1\cos\alpha$ 和平行于顶板的纵向体力 $F_{12}=F_1\sin\alpha$。

因此，关键层被简化为一定边界条件下的直角梯形薄板弯曲问题，只需对直角梯形板的几何参数 a 进行变化即可得到直角梯形关键层板弯曲解。

异形板求解的方法众多，其中康托洛维奇近似变分法是解决异形板弯曲问题的一种行之有效的方法，将直角梯形板的位移用一级近似位移函数表示，在 x 方向的位移采用广义梁函数表示，用最小势能原理建立起对应于不同边界条件下的关于 y 方向位移函数的变系数常微分方程，求解微分方程，并利用边界条件，求出精确解，进而可得到近似程度较高的梯

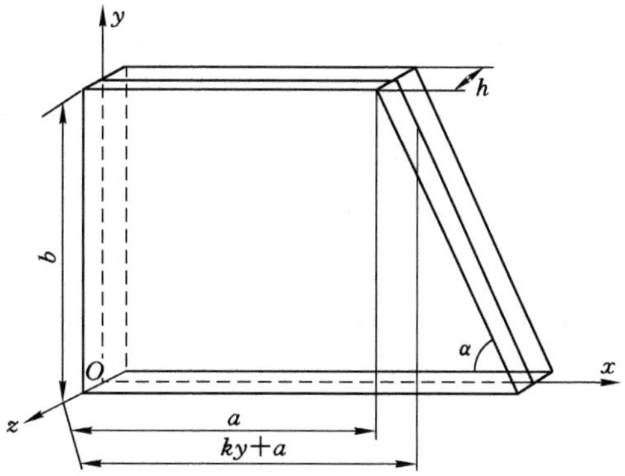

(a) 梯形板模型

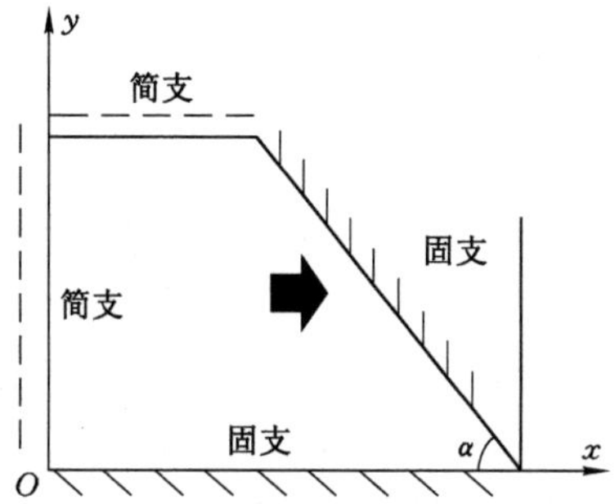

(b) 方案力学模型

图 5-18 工作面调斜后关键层力学模型

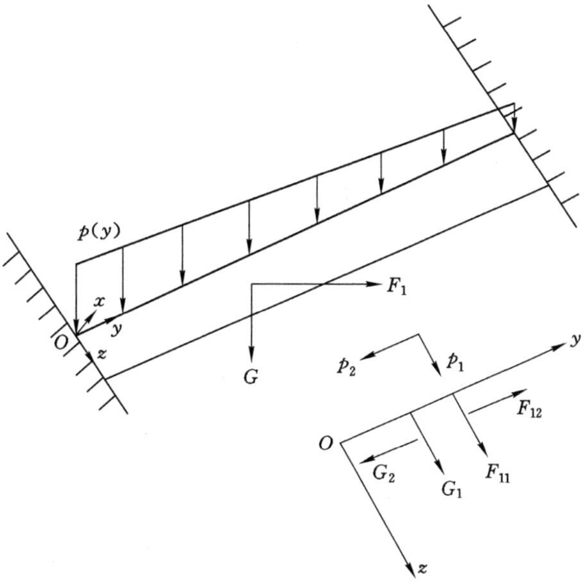

图 5-19 倾斜煤层关键层力学模型倾向剖面

形板弯曲问题的解。由于康托洛维奇近似变分法的近似函数的一部分是通过欧拉方程求得的严格解，因此其比里兹法（完全不满足欧拉方程）的解要精确得多。

采用的一级近似位移函数为：

$$w(x,y) = u(x,y)v(y) \tag{5-42}$$

式(5-42)中 x 方向的位移函数为左边简支、右边固支形式的广义梁函数，即

$$u(x,y) = 2x^4 - 3x^3(ky+a) + x(ky+a)^3 \tag{5-43}$$

只需要求解 y 方向的位移函数 $v(y)$ 即可得到梯形板的弯曲函数，根据最小势能原理进行求解。

直角梯形薄板的总势能表达式为：

$$\Pi = -\frac{D}{2}\int_0^b\int_0^{ky+a}\left(\frac{\partial^2 w}{\partial x^2}+\frac{\partial^2 w}{\partial y^2}\right)^2 \mathrm{d}x\mathrm{d}y - \int_0^b\int_0^{ky+a} qw\,\mathrm{d}x\mathrm{d}y \tag{5-44}$$

式中　q——板所受横向分布载荷，MPa；

D——板的抗弯刚度，$D=\dfrac{Eh^3}{12(1-\mu^2)}$。

将直角梯形薄板位移函数式(5-42)代入式(5-44)，得：

$$\Pi = -\frac{D}{2}\int_0^b\int_0^{ky+a}\begin{bmatrix}(u_{xx}+u_{yy})^2v^2 + 4u_y^2v'^2 + u^2v''^2 + \\ 4(u_{xx}+u_{yy})u_yvv' + \\ 2(u_{xx}+u_{yy})uvv'' + 4u_yuv'v''\end{bmatrix}\mathrm{d}x\mathrm{d}y - \int_0^b\int_0^{ky+a} quv\,\mathrm{d}x\mathrm{d}y \tag{5-45}$$

再将式(5-43)代入式(5-45)，得到直角梯形薄板总势能的具体表达式：

$$\Pi = -\frac{D}{2}\int_0^b\begin{bmatrix}A(ky+a)^5v^2 + B(ky+a)^7v'^2 + C(ky+a)^9v''^2 + \\ E(ky+a)^8vv' + F(ky+a)^7vv'' + G(ky+a)^8v'v''\end{bmatrix}\mathrm{d}y - Hq\int_0^b (ky+a)^5 v\,\mathrm{d}y \tag{5-46}$$

式中

$$A = 36\left[\frac{1}{3}(k^2-3)^2 + 2(k^2-3) + \frac{16}{5}\right]$$

$$B = \frac{96}{35}k^2$$

$$C = \frac{19}{630}$$

$$E = 24k\left[\frac{2}{5}(k^2-3)+1\right]$$

$$F = 12\left[\frac{1}{15}(k^2-3)+\frac{1}{7}\right]$$

$$G = \frac{19}{35}k$$

$$H = \frac{3}{20}$$

当弹性薄板处于平衡状态时其势能最小，该势能可由变分方程：

$$\delta\Pi = 0 \tag{5-47}$$

确定，即在给定外力作用下，薄板实际存在的挠曲位移应使势能的变分为零。

将式(5-46)代入式(5-47)，得方程：

$$(ky+a)^4v^{(4)}+18k(ky+a)^3v^{(3)}+\left(\frac{F-B+4kG}{C}+72k^2\right)(ky+a)^2v''+$$
$$7k\frac{F-B+4kG}{C}(ky+a)v'+\frac{A-3kE+21k^2F}{C}v=\frac{Hg}{CD} \tag{5-48}$$

将 A、B、C、E、F、G、H 代入式(5-48)，得方程：

$$(ky+a)^4v^{(4)}+18k(ky+a)3v^{(3)}+(79.58k^2-22.74)(ky+a)^2v''+$$
$$(53.05k^3-159.16k)(ky+a)v'+238.74v=4.97\frac{q}{D} \tag{5-49}$$

式(5-49)为关于 $v(y)$ 的变系数常微分方程，将式(5-50)：

$$\begin{cases} v=\left(\dfrac{ky+a}{kb+a}\right)^n \\ v'=n\left(\dfrac{k}{kb+a}\right)\left(\dfrac{ky+a}{kb+a}\right)^{n-1} \\ v''=n(n-1)\left(\dfrac{k}{kb+a}\right)^2\left(\dfrac{ky+a}{kb+a}\right)^{n-2} \\ v^{(3)}=n(n-1)(n-2)\left(\dfrac{k}{kb+a}\right)^3\left(\dfrac{ky+a}{kb+a}\right)^{n-3} \\ v^{(4)}=n(n-1)(n-2)(n-4)\left(\dfrac{k}{kb+a}\right)^4\left(\dfrac{ky+a}{kb+a}\right)^{n-4} \end{cases} \tag{5-50}$$

代入式(5-49)，由于特征根的性质与 k 的取值无关，取 $k=1$ 可写出其特征方程：

$$n^4+12n^3+14n^2-134n+239=0 \tag{5-51}$$

解得特征根为：

$$\begin{cases} n_1^2=1.63\pm1.16\mathrm{i} \\ n_3^4=-7.63\pm1.25\mathrm{i} \end{cases} \tag{5-52}$$

把特征根代入，写出非齐次方程(5-49)的通解：

$$v(y)=\left(\frac{ky+a}{kb+a}\right)^{1.63}\left[c_1\cos\left(1.16\ln\frac{ky+a}{kb+a}\right)+c_2\sin\left(1.16\ln\frac{ky+a}{kb+a}\right)\right]+$$
$$\left(\frac{ky+a}{kb+a}\right)^{-7.63}\left[c_3\cos\left(1.25\ln\frac{ky+a}{kb+a}\right)+c_4\sin\left(1.25\ln\frac{ky+a}{kb+a}\right)\right] \tag{5-53}$$

其特解为：

$$b_0=0.02\frac{q}{D} \tag{5-54}$$

至此，可以给出直角梯形薄板的弯曲挠度函数：

$$\begin{aligned} w(x,y)&=u(x,y)\cdot v(y) \\ &=[2x^4-3x^3(ky+a)+x(ky+a)]\cdot \\ &\left\{\left(\frac{ky+a}{kb+a}\right)^{1.63}\left[c_1\cos\left(1.16\ln\frac{ky+a}{kb+a}\right)+c_2\sin\left(1.16\ln\frac{ky+a}{kb+a}\right)\right]+\right. \\ &\left.\left(\frac{ky+a}{kb+a}\right)^{-7.63}\left[c_3\cos\left(1.25\ln\frac{ky+a}{kb+a}\right)+c_4\sin\left(1.25\ln\frac{ky+a}{kb+a}\right)\right]+0.02\frac{q}{D}\right\} \end{aligned} \tag{5-55}$$

式中 c_1,c_2,c_3,c_4 ——微分方程待定常数，需要结合 y 方向的边界条件进行求解；

$q = p_1 + G_1 + F_{11} = (p_0 - \gamma_1 y\sin\alpha)\cos\alpha + G\cos\alpha + F_1\cos\alpha$——顶板的载荷。

参照有关文献，长底边固支、短底边简支条件下，直角梯形薄板岩层在分布载荷 q 作用下的边界条件应满足式(5-56)：

$$\begin{cases} v(y)\big|_{y=b} = 0 \\ \dfrac{\partial v}{\partial y}\bigg|_{y=b} = 0 \\ v(y)\big|_{y=b} = 0 \\ \left[(ky+a)^2 v'' + 9(ky+a)v'\right]\big|_{y=b} = 0 \end{cases} \tag{5-56}$$

将式(5-56)代入式(5-55)，得到方程组(5-57)：

$$\begin{cases} c_1 + c_3 = -\dfrac{q}{50D} \\ (I_1c_1 + I_2c_2)I^{1.63} + (I_1c_3 + I_2c_4)I^{-7.63} = -\dfrac{q}{50D} \\ 1.6c_1 + 1.2c_2 - 7.6c_3 + 1.2c_4 = 0 \\ I^{1.63}[(-10.8I_2 - 0.96kI_1) + I_1(14.4 - 3.96k) + kI_1]c_1 + \\ I^{1.63}I_1[(10.8 - 2.8k) + (14.4 + 3.96k) + k]c_2 + \\ I^{-7.63}[(-10.8I_2 - 0.4kI_1) + I_1(18k - 68.4) + 66kI_1]c_3 + \\ I^{-7.63}I_1[(10.8 - 2.8k) - (68.4 + 18k) + 66k]c_4 = 0 \end{cases} \tag{5-57}$$

式中
$$I = \frac{a}{a+bk}$$
$$I_1 = \cos\left(1.2\ln\frac{a}{a+bk}\right)$$
$$I_2 = \sin\left(1.2\ln\frac{a}{a+bk}\right)$$

式(5-57)为线性方程组，形式复杂，可利用 Matlab 中的“solve”函数求解得到 c_1、c_2、c_3、c_4，因此，可以求解出直角梯形薄板关键层弯曲挠度函数。

将顶板弯曲挠度函数式(5-55)代入弹性薄板应力与挠度函数关系式，得到直角梯形薄板关键层各点的应力状态：

$$\begin{cases} \sigma_x = -\dfrac{Ez}{1-\mu^2}\left(\dfrac{\partial^2 w}{\partial x^2} + \mu\dfrac{\partial^2 w}{\partial y^2}\right) \\ \sigma_y = -\dfrac{Ez}{1-\mu^2}\left(\dfrac{\partial^2 w}{\partial y^2} + \mu\dfrac{\partial^2 w}{\partial x^2}\right) \\ \tau_{xy} = -\dfrac{Ez}{1+\mu}\dfrac{\partial^2 w}{\partial x\partial y} \\ \tau_{xz} = \dfrac{E}{2(1-\mu^2)}\left(z^2 - \dfrac{h^2}{4}\right)\dfrac{\partial}{\partial x}\nabla^2 w \\ \tau_{yz} = \dfrac{E}{2(1-\mu^2)}\left(z^2 - \dfrac{h^2}{4}\right)\dfrac{\partial}{\partial y}\nabla^2 w \end{cases} \tag{5-58}$$

式中，$\nabla^2 w = \dfrac{\partial^2 w}{\partial x^2} + \dfrac{\partial^2 w}{\partial y^2}$。

(2) 顶板破断形式

经典矿压理论判断顶板破坏有两种形式：沿煤壁处（顶板在四周边界）的整体剪切破断和顶板中部的拉伸破断。其中当顶板为整体剪切破断时，由于这种破坏方式来压强度大、时间短，对整个采场内工作人员和设备都会造成巨大破坏，因此，顶板控制中应避免出现整体剪切破断，应让顶板发展为渐进式的拉伸破断。

① 直角梯形顶板边界处剪切破断判据

梯形顶板四周边界处的切应力 τ_{xz}、τ_{yz} 沿板厚度方向呈抛物线形分布，均在中面处达到最大值。因此，若顶板发生整体剪切性垮落，梯形板中面处最大切应力将首先超过岩层的抗剪强度。根据第三强度理论（即最大切应力理论），顶板岩层发生断裂是由最大切应力引起的，即最大切应力达到岩层的抗剪强度时岩层发生破断。因此，得到梯形顶板四个边界处发生整体剪切破断的判据：

$$\begin{cases}\tau_{yz}\big|_{y=0,z=0,0\leqslant x\leqslant a} > [\tau] \\ \tau_{yz}\big|_{y=b,z=0,0\leqslant x\leqslant a} > [\tau] \\ \tau_{xz}\big|_{x=0,z=0,0\leqslant y\leqslant b} > [\tau] \\ \tau\big|_{x=y\tan\alpha+a,z=0} > [\tau]\end{cases} \tag{5-59}$$

式中　$[\tau]$——顶板岩层的抗剪强度。

从板中取出斜边夹角为 α、长为 $\mathrm{d}l$、厚度为 h 的三角形单元体，如图 5-20 所示，两直角边上的垂直切应力分别为 τ_{xz}、τ_{yz}，可得斜面上垂直切应力的表达式：

$$\tau\big|_{x=y\tan\alpha+a,z=0} = \tau_{yz}\sin\alpha + \tau_{xz}\cos\alpha \tag{5-60}$$

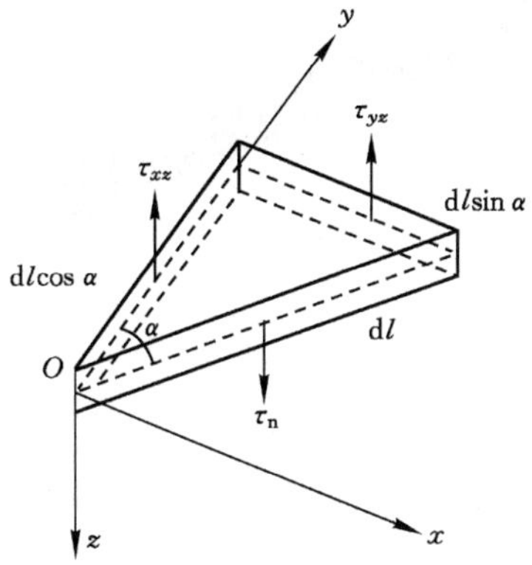

图 5-20　三角形单元体受力分析

根据顶板四周边界发生整体剪切破断判据，可以将采场参数代入求解基于每个边界发生剪切破断的极限推进步距，四个极限推进步距中最小值即顶板发生剪切破断的临界推进步距。

② 直角梯形顶板板内拉伸破断判据

将式(5-58)中的 σ_x、σ_y、τ_{xy} 代入主应力计算公式，得到直角梯形薄板上任意一点的主应力表达式：

$$\sigma_1(k,a,b,x,y,z) = \frac{\sigma_x+\sigma_y}{2} + \sqrt{\left(\frac{\sigma_x-\sigma_y}{2}\right)^2 + (\tau_{xy})^2} \tag{5-61}$$

根据第一强度理论（即最大拉应力理论），顶板岩层发生断裂是由最大拉应力引起的，即最大拉应力达到岩层的抗拉强度时岩层发生破断，得出梯形顶板内部发生拉伸破断失稳的判据：

$$\sigma_1 > [\sigma_t] \tag{5-62}$$

式中　$[\sigma_t]$——顶板岩层的抗拉强度。

根据式(5-62)的判据，将采场的实际参数代入可以计算出梯形顶板内发生渐进拉伸破断的极限推进步距，进而与其顶板发生剪切破断的临界推进步距进行比较，两者中的小值即梯形顶板发生破断的极限推进步距。

5.3　跨石门开采巷内分段支护技术

在工作面跨巷道开采之前，为保证生产安全，必然要对巷道进行加固支护。如果巷道是上山或者下山，则巷道各段与工作面距离大致相等，支护方案也一致，这里不做讨论。如果巷道是石门，鉴于不同区段的石门巷道与工作面距离不等，在加固形式上也会有所差别。因此，应对工作面和巷道之间的间隔岩层状态进行判别，得到跨巷开采临界安全岩柱厚度，以此作为石门巷道加强支护段和一般支护段的分界线，如图 5-21 所示。临界安全岩柱厚度取值越大，则近距离跨采段越长，需要重点支护的巷道距离也就越长，支护成本增加；临界安全岩柱厚度取值越小，则支护成本降低，但是工作面发生支架陷入巷道的危险性增加。因此，合理的临界安全岩柱厚度是保障生产安全和降低支护成本的关键因素。

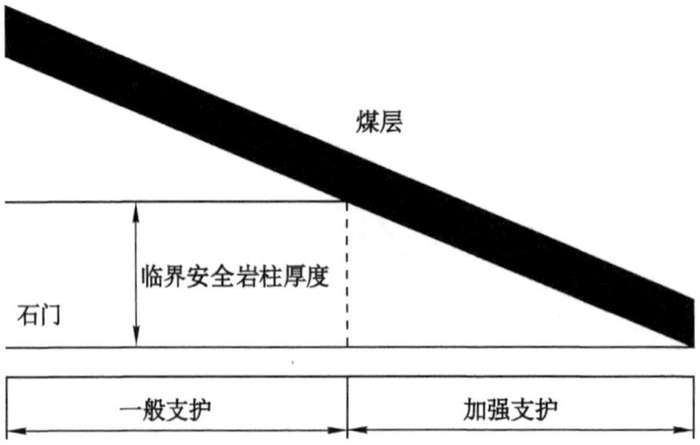

图 5-21　跨石门开采分段支护技术

在大采高工作面跨石门巷道开采过程中，安全岩柱厚度由工作面底板破坏深度(T_1)、承载层厚度(T_2)和巷道顶板破坏高度(T_3)三部分组成，如图 2-22 所示。

5.3.1　底板破坏深度确定

工作面底板破坏深度可以根据太沙基地基极限承载公式得出，由现场调研可知基础地面是粗糙的，在上覆岩层压力作用下底板部分形成弹性楔体，并随基础底面一起移动且始终处于弹性状态，如图 5-22 所示。

$$\gamma = \arcsin\frac{1-m+(3+m)\sin\varphi}{3+\sin\varphi} \tag{5-63}$$

$$S = \frac{L}{2\cos\left(45^\circ+\frac{\varphi}{2}\right)} \tag{5-64}$$

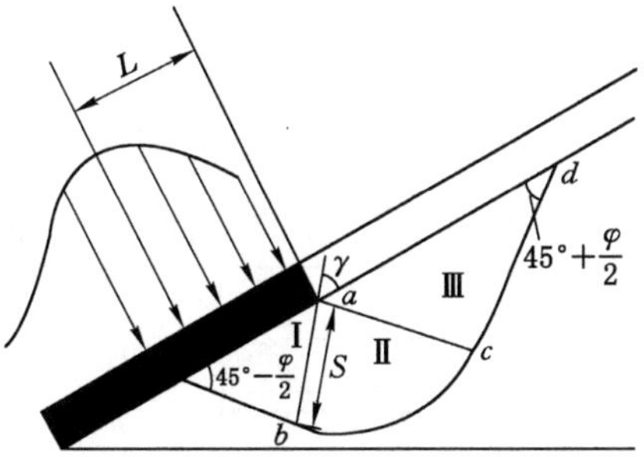

图 5-22　底板破坏深度计算图

式中　m——中间主应力参数，$m=\dfrac{2\sigma_2}{\sigma_1+\sigma_3}$，岩土处于弹性状态时 $m<1$，岩土处于屈服状态时 m 接近 1；

φ——岩土的内摩擦角；

S——ab 的长度；

L——支承压力峰值到煤壁的距离，此时煤壁上的压力是前文分析的垂直于煤壁顶板的应力。

除弹性楔体外，滑动区都处于塑性平衡状态，滑动区由径向剪切区Ⅱ和朗肯被动区Ⅲ组成，剪切区Ⅱ的边界 bc 用对数螺旋曲线可以表示为：

$$S_1 = S\exp\left\{\theta \frac{1-m+(3+m)\sin\varphi}{\sqrt{(3+\sin\varphi)^2-[1-m+(3+m)\sin\varphi]^2}}\right\} \tag{5-65}$$

式中　S_1——任一矢径；

S——起始矢径；

θ——两者之间的夹角。

综合式(5-63)至式(5-65)可以得出由工作面支承压力造成的底板破坏深度 T_1：

$$T_1 = \frac{L\sin\left(\theta-45^\circ+\frac{\varphi}{2}\right)}{2\cos\left(45^\circ+\frac{\varphi}{2}\right)}\exp\left[\left(45^\circ+\frac{\varphi}{2}\right)\tan\varphi\right] \tag{5-66}$$

5.3.2　承载层厚度计算

承载层在底板破坏深度之下，顾名思义可以有效承载上覆岩层的压力，在垂直于工作面的岩层上由此建立力学模型，如图 5-23 所示。

由图 5-23 可知，承载层受上覆工作面的支承压力(考虑最大的超前支承压力)载荷 q_1 和石门的支护强度载荷 q_2 的相互作用，L_1 表示超前支承压力全部在巷道上方时的作用长度，L_2 为石门宽度。则梁截面上任意一点位置所受的剪切力和弯矩可以表示为：

$$F(x)=\frac{q_1(L_1+2x)+q_2(L_2-2x)}{4} \tag{5-67}$$

$$M(x)=\frac{q_1(L_1^2-2L_1L_2+4xL_2-4x^2)-q_2(L_2-2x)^2}{32EI} \tag{5-68}$$

式中　x——任意位置点在水平方向与横梁中心的距离；

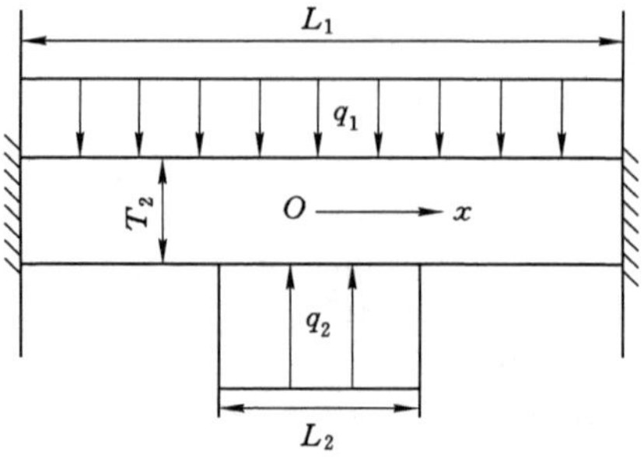

图 5-23　承载层的力学模型

$F(x)$——剪切力；

$M(x)$——弯矩；

E——岩层的弹性模量；

I——岩梁的惯性矩。

当岩梁发生剪切破断时厚度 h_1 满足：

$$h_1=\frac{3F_{\max}}{2R_s} \tag{5-69}$$

式中　$F_{\max}$——岩梁能承受的最大剪应力；

R_s——岩梁的抗剪强度。

当岩梁发生拉伸破断时厚度 h_2 满足：

$$h_2=\sqrt{\frac{6M_{\max}}{T}} \tag{5-70}$$

式中　$M_{\max}$——岩梁能承受的最大弯矩；

T——岩梁的抗拉强度。

则承载层厚度 T_2 大于岩梁剪切破断时或拉伸破断时的最大厚度，即

$$T_2>\max\{h_1,h_2\} \tag{5-71}$$

5.3.3　巷道顶板破坏高度估算

巷道顶板破坏高度 T_3 与顶板的岩性、巷道本身的支护强度以及顶板的位移三者关联程度最大，由于影响因素众多且不统一，故很难有精确值。一般采用理论估算和现场实测法确定巷道顶板破坏高度。

根据井下现场测定的松动圈范围和平衡拱理论，确定巷道顶板破坏高度，在开挖不采取支护手段时所形成的冒落拱高度满足：

$$G=\begin{cases}\dfrac{L_2}{2f}, & f\geqslant 2\\[2ex] \dfrac{H\cot\left(45^\circ+\frac{\varphi}{2}\right)+\frac{L_2}{2}}{f}, & f<2\end{cases} \tag{5-72}$$

式中　f——顶板的坚固性系数；

H——巷道的高度；

φ——巷道的内摩擦角。

巷道顶板破坏高度肯定小于无支护状态的冒落拱高度，故：

$$T_3 \leqslant G \tag{5-73}$$

5.3.4 安全岩柱厚度计算

通过试验测定石门围岩的物理力学性质，见表 5-1。

表 5-1 石门围岩物理力学性质

岩层	泊松比	抗拉强度 /MPa	抗压强度 /MPa	弹性模量 /GPa	抗剪强度 /MPa	黏聚力 /MPa	内摩擦角 /(°)
10# 煤层	0.20	0.6	11	15	0.8	0.7	18
工作面底板	0.16	7.0	45	35	15.0	5.0	39

在现场实际测定工作面前方的支承压力峰值处距工作面煤壁距离(L)为 7 m，当任何矢径与起始矢径 ab 的夹角为 $45° + \frac{\varphi}{2}$ 时底板破坏深度最大，计算得出底板破坏深度 $T_1 = 2.5$ m。

由于工作面调斜，工作面跨过底板巷道时支架长 7 m，底板的巷道石门长 4 m，上覆支承压力载荷 q_1 与支护强度载荷 q_2 共同作用于底板承载层的载荷约为 3 MPa，石门自身的支护强度约为 1.2 MPa，同时岩层的弹性模量和惯性矩的乘积 EI 为 7 MPa，故在 $L_2/2$ 位置时最大剪切力为 6 MN，此时 $h_1 = 1.2$ m，$45° + \frac{\varphi}{2}$ 在岩梁中心位置，弯矩最大值 $M_{max} =$ 160 kN·m，$h_2 = 0.8$ m，故 $T_2 = 1.2$ m。

已知工作面底板岩层的抗压强度为 45 MPa，岩层的坚固性系数为 6，根据式(5-72)可计算出顶板的冒落拱高度 $G = T_3 = 0.7$ m。

因此，跨采的安全岩柱厚度 $T = T_1 + T_2 + T_3 = 2.5 + 1.2 + 0.7 = 4.4$(m)。

因为煤层厚度存在变化，底板岩性也存在一定的交叉，乘以安全系数 2 后得出 $T_{实} =$ 8.8 m。

因此根据底板破坏深度和安全岩柱厚度的计算结果将底板巷道划分为两段，如图 5-24 所示，需要加强支护的巷道长度为 23 m，其余地段进行常规支护即可。

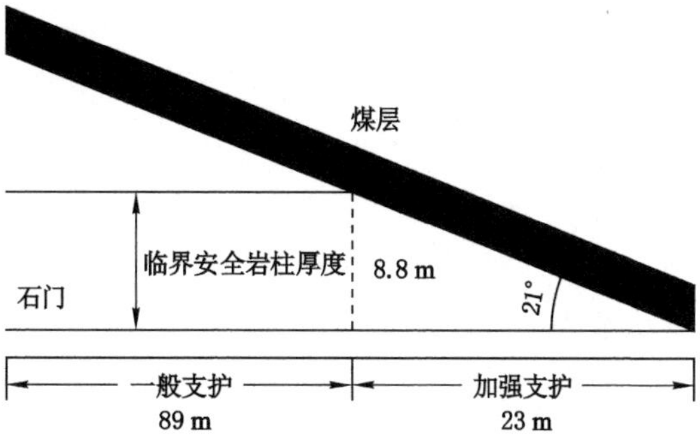

图 5-24 石门巷道分区支护示意图

5.4 本章小结

(1) 为了控制巷道底鼓,巷道开掘后应尽早加固其软弱围岩帮和角(主要是底角),其作用是:① 减小巷道角部应力集中程度,并在两帮和角部形成自承能力较高的承载拱以控制帮和底角塑性区的发展。② 提高巷道两帮及角部(尤其是底角)围岩的自承能力,减少两帮松动破裂围岩压缩下沉造成的底板滑移鼓起。

(2) 建立了巷道围岩再造承载拱力学计算模型,研究了再造承载拱护巷机理,分别对其安全半径、抗拉强度、抗压强度、抗剪强度等受力情况进行了详细的研究。

(3) 建立了工作面调斜跨巷开采理论模型。基于工作面调斜后采场顶板呈直角梯形形态,建立了直角梯形薄板力学模型并给出了解析解。结合顶板拉伸破坏和剪切破坏准则,确定了调斜采场顶板破断判据,为实现调斜工作面基本顶(关键层)来压(破断)研究的定量预报提供理论基础。

(4) 提出了近距离煤层群跨石门开采条件下的巷内分区支护技术。基于煤层群开采底板破坏深度、承载层厚度以及巷道顶板破坏高度计算得到煤柱下临界安全岩柱厚度。

6　近距离跨采工作面底板巷道围岩控制工程示范

通过将理论研究成果与工程实践相结合，在吉源煤矿、湾田煤矿典型近距离跨采工作面底板巷道中应用分段支护技术，优化巷道支护参数，并实时监测围岩变形与应力分布，验证理论模型的准确性和技术的可行性。

6.1　吉源煤矿跨采工作面底板巷道围岩控制技术

6.1.1　工程概况

吉源煤矿为突出矿井，在跨采过程中必须合理安排运输、通风、运料等系统，并保证瓦斯治理措施到位，才能够有效保证跨采的顺利进行。为此，吉源煤矿将整个跨采过程分为四个阶段，即

第一阶段：11706 工作面正常推进阶段。

第二阶段：跨石门缩减支架阶段。

第三阶段：跨石门增加支架阶段。

第四阶段：跨采完成，11703 工作面推进阶段。

在跨采过程中必须保证通风安全，防止采空区大量漏风引发采空区遗煤自燃、瓦斯抽采效率低、采空区瓦斯等有毒有害气体溢出等问题。为此，吉源煤矿重新优化巷道，采用先预掘回采巷道，同时在 11703 工作面运输巷一侧平行预掘 11703 工作面进风巷至采区边界，再通过联络巷与 11703 工作面运输巷贯通。通过利用联络巷以及 11703 工作面运输巷向工作面通风，以达到新鲜风流不经过采空区的目的；开掘 11703 工作面回风联络巷与 11903 工作面回风巷贯通，使 11703 工作面回风不经过采空区。目前，联络巷已经贯通，吉源煤矿 17 煤跨采处于第二阶段，也即跨石门缩减支架阶段。

综上所述，在各个回采阶段，吉源煤矿需对通风、运输、行人系统进行合理设计和改进，并采取可靠的防突以及瓦斯治理措施，以保证跨采的顺利进行。

6.1.2　跨采工作面开采工艺

(1) 第一阶段：11706 工作面正常推进阶段

11706 工作面正常推进阶段为工作面回风巷与运输巷平行段，工作面倾斜长度为 192 m，工作面正常回采，即运输巷与回风巷回采推进一致，不需要进行调采和增加支架。如图 6-1 中 AB 推进至 A_1B_1 阶段所示。

回采期间安全注意事项：加强顶板管理工作，防止工作面片帮冒顶，加强工作面上安全出口的管理，保证上安全出口通风断面达到要求，加强采空区的埋管抽采管理，隔离墙打设

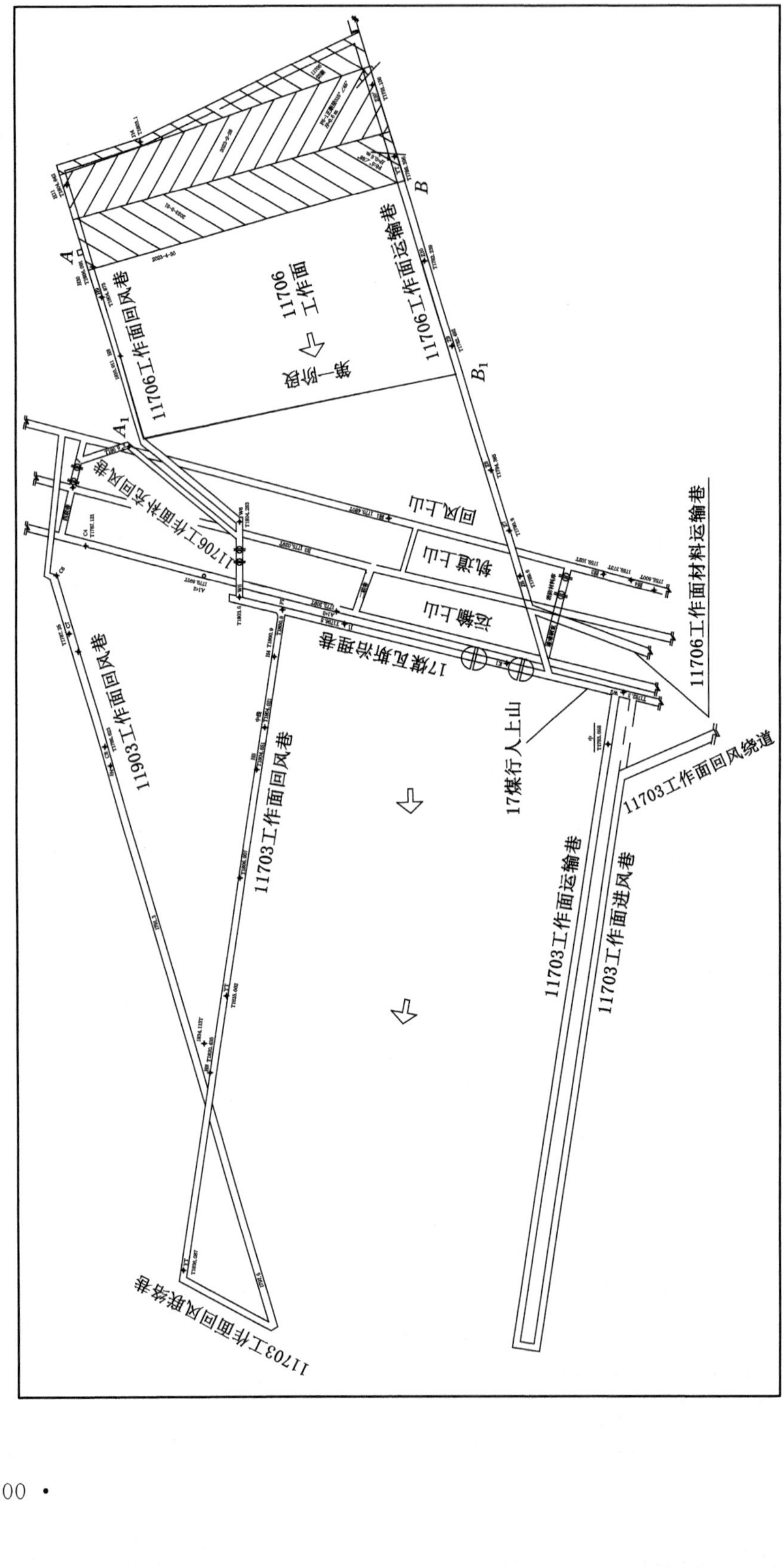

图 6-1　11706工作面正常推进阶段

严密不漏风。

第一阶段的主要生产系统：

① 原煤运输系统：11706 工作面→11706 工作面运输巷→17 煤行人上山→溜煤眼→主斜井→地面煤场。

② 通风系统：

a. 11706 工作面通风系统：主(副)斜井→11706 工作面材料运输斜巷→11706 工作面运输巷→11706 工作面→11706 工作面回风巷→11706 工作面补充回风巷→19 煤回风上山→总回风井→地面。

b. 11703 工作面运输巷通风系统：主(副)斜井→17 煤行人斜巷→11703 工作面运输巷→11703 工作面进风巷→11703 工作面回风绕道→12 煤回风上山→回风上山→总回风井→地面。

c. 11703 工作面回风巷通风系统：主(副)斜井→17 煤行人斜巷→17 煤瓦斯治理巷→11703 工作面回风巷→11703 工作面回风联络巷→11903 工作面回风巷→19 煤回风上山→总回风井→地面。

③ 瓦斯抽采系统(低负压埋管抽采)：11706 工作面上隅角→11706 工作面回风巷→11706 工作面补充回风巷→19 煤回风上山→总回风井→抽采泵房。

④ 瓦斯抽采系统(回风巷高负压)：11706 工作面回风巷→11706 工作面补充回风巷→19 煤回风上山→总回风井→抽采泵房。

⑤ 瓦斯抽采系统(运输巷高负压)：11706 工作面运输巷→11706 工作面运输巷专回→11202 工作面回风斜巷→19 煤回风上山→总回风井→抽采泵房。

⑥ 材料运输系统：副斜井→17 煤车场→11706 工作面材料运输巷→11706 工作面运输巷→11706 工作面。

(2) 第二阶段：跨石门缩减支架阶段

第一阶段回采结束后，工作面的回风巷为斜巷，即工作面长度逐步缩短，在回采时，需要边向前回采边减少支架和缩短工作面的输送机。工作面倾斜长度由原 192 m 逐步减小到 150 m。如图 6-2 中 A_1B_1 推采至 A_2B_2 阶段所示。在此阶段贯通 11703 工作面进风巷与 11703 工作面行人斜巷，并在二者之间安设防突风门 FM3，使回风经 11703 工作面回风绕道。

经计算：每向前推进 3 m，需要撤除一个支架和回撤一节槽板。此段共计需要回撤支架 23 架、输送机槽板 23 节。

回撤支架及槽板的路线为：工作面上出口→工作面回风巷→风门(风门重建)→17 煤瓦斯治理巷或 11703 工作面回风巷(停放)。

本阶段需要对运架通道进行卧底，保证巷道高度不低于 3.5 m，宽度不小于 4 m；风门重建(风门高度不低于 3 m，宽度不小于 2.2 m)。

第二阶段的主要生产系统、通风系统与第一阶段的系统相同。

(3) 第三阶段：跨石门增加支架阶段

此段工作面逐步加长，需要逐步增加支架。同时需要将支架和输送机下移，移到 11703 工作面运输巷位置。此段工作面斜长由 150 m，逐步加长到 200 m。如图 6-3 中 A_2B_2 推采至 A_3B_3 阶段所示。在此阶段，在 11706 工作面补充回风巷安设密闭 MB1、MB2，撤除位于

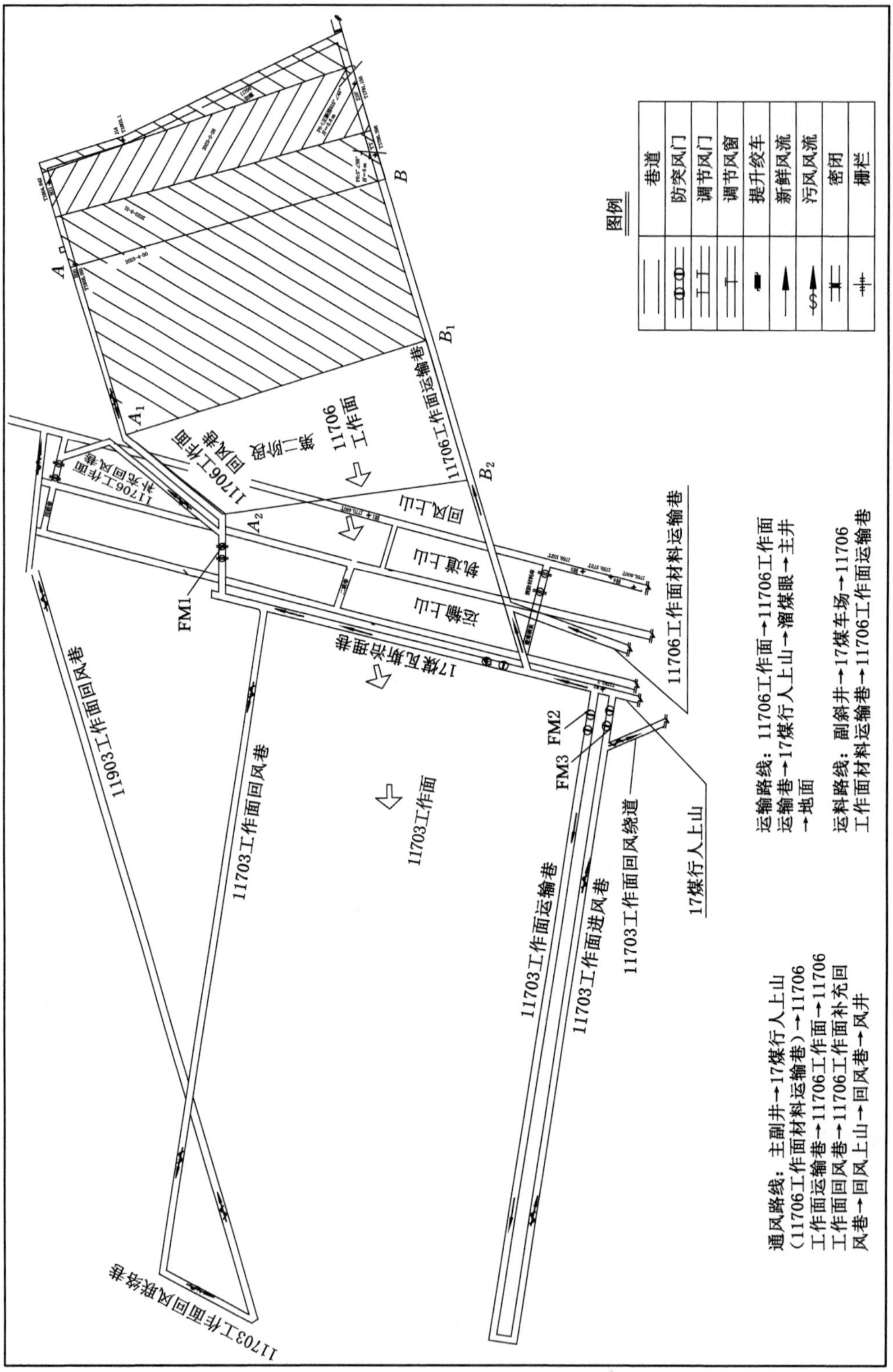

图6-2　跨石门缩减支架阶段

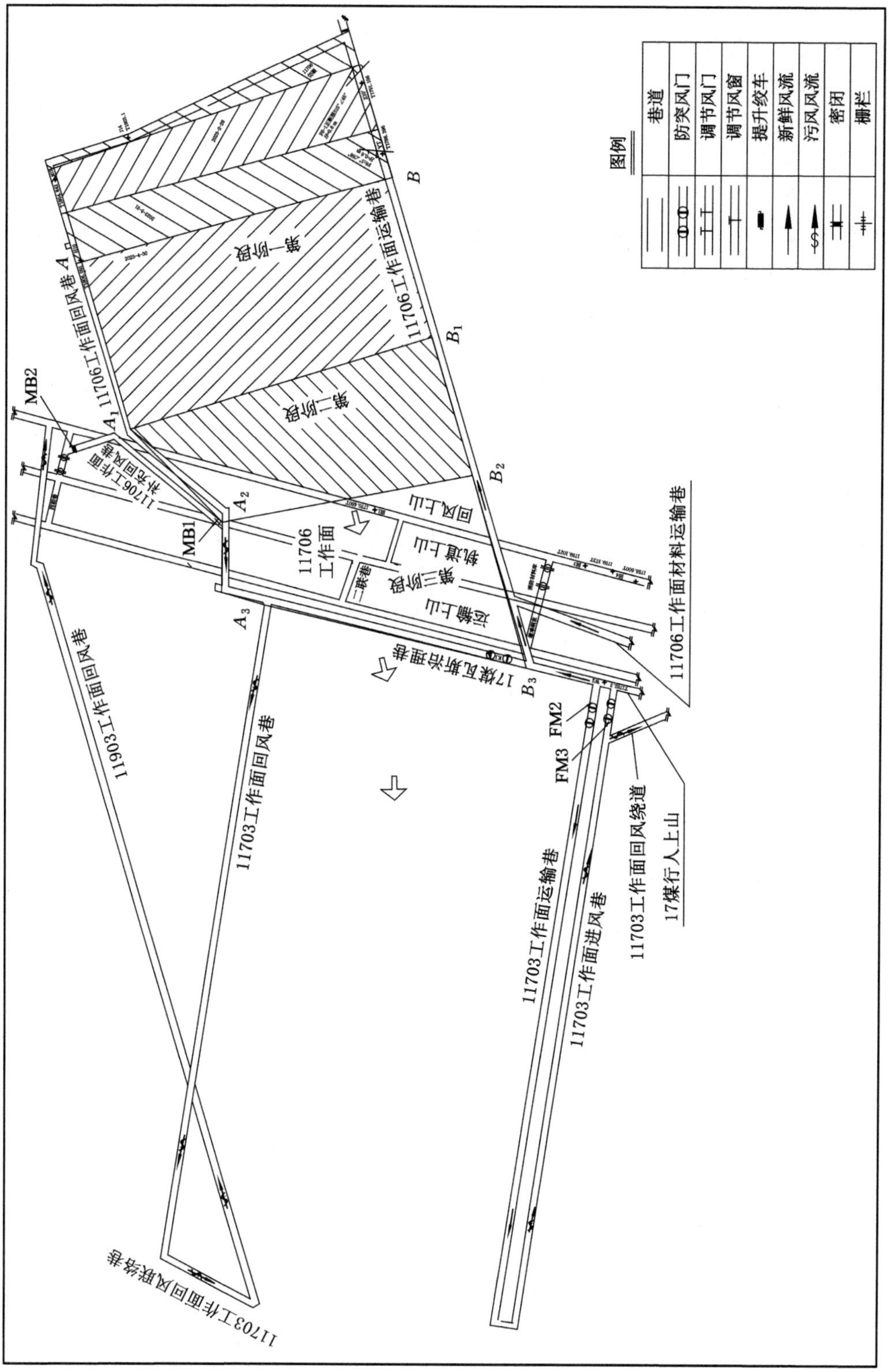

图6-3　跨石门增加支架阶段

11706 工作面回风巷与 11703 工作面回风巷之间的防突风门，使 11706 工作面回风经 11703 工作面回风巷。

经计算：此段共计需要增加支架 29 架、输送机槽板 29 节。

第三阶段的主要生产系统：

① 原煤运输系统：11706 工作面→11706 工作面运输巷→17 煤行人上山→溜煤眼→主斜井→地面煤场。

② 通风系统：

a. 主(副)斜井→11706 工作面材料运输斜巷(17 煤瓦斯治理巷)→11706 工作面运输巷→11706 工作面→11703 工作面回风巷→11903 工作面回风巷→19 煤回风上山→总回风井→地面。

b. 11703 工作面运输巷通风系统：主(副)斜井→17 煤行人斜巷→11703 工作面运输巷→11703 工作面进风巷→11703 工作面回风绕道→12 煤回风上山→回风上山→总回风井→地面。

③ 瓦斯抽采系统(低负压埋管抽采)：11706 工作面上隅角→11706 工作面回风巷→11703 工作面回风巷→11903 工作面回风巷→19 煤回风上山→总回风井→抽采泵房。

④ 瓦斯抽采系统(回风巷高负压)：11706 工作面回风巷→11703 工作面回风巷→11903 工作面回风巷→19 煤回风上山→总回风井→抽采泵房。

⑤ 瓦斯抽采系统(运输巷高负压)：11706 工作面运输巷→11703 工作面运输巷→11703 工作面运输巷回风绕道→12 煤回风上山→19 煤回风上山→总回风井→抽采泵房。

⑥ 材料运输系统：副斜井→17 煤车场→11706 工作面材料运输巷→11706 工作面运输巷→11706 工作面。

(4) 第四阶段：11703 工作面推进阶段

此段工作面(即 11703 工作面)已经加长完毕，工作面斜长 200 m。按正常的方向进行回采。17 煤工作面已经完全跨过了 19 煤的三条上山及 17 煤瓦斯治理巷，进入 11703 工作面正常回采阶段。在此阶段，废弃 17 煤瓦斯治理巷，在 11703 工作面回风绕道处安设 MB3、MB4 密闭，撤除位于 11703 工作面进风巷与 17 煤行人斜巷间的防突风门 FM3，使新鲜风流从 11703 工作面行人斜巷进入 11703 工作面进风巷，从采区边界向 11703 工作面进风。该阶段，即 11703 工作面推进阶段的详细通风线路见图 6-4。

第四阶段的主要生产系统：

① 原煤运输系统：11703 工作面→11703 工作面运输巷→11703 工作面进风巷→17 煤行人上山→溜煤眼→主斜井→地面煤场。

② 通风系统：主(副)斜井→17 煤行人上山→11703 工作面进风巷→11703 工作面运输巷→11703 工作面→11703 工作面回风巷→11903 工作面回风巷→19 煤回风上山→总回风井→地面。

③ 瓦斯抽采系统(低负压埋管抽采)：11703 工作面上隅角→11703 工作面回风巷→11903 工作面回风巷→19 煤回风上山→总回风井→抽采泵房。

④ 瓦斯抽采系统(回风巷高负压)：11703 工作面回风巷→11903 工作面回风巷→19 煤回风上山→总回风井→抽采泵房。

⑤ 瓦斯抽采系统(运输巷高负压)：11703 工作面运输巷→11703 工作面进风巷→11703

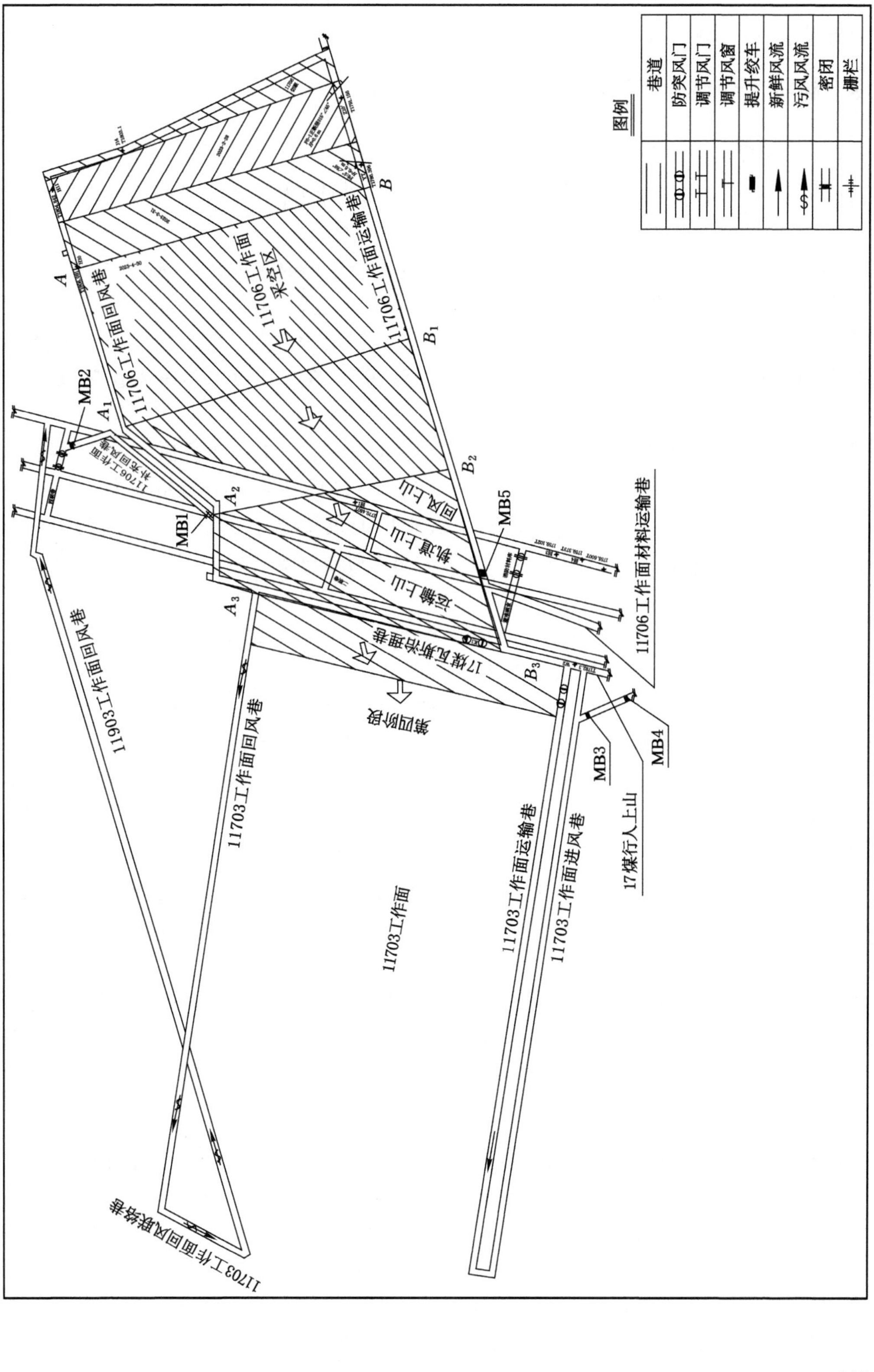

图6-4 11703工作面推进阶段

工作面运输巷回风绕道→12 煤回风上山→19 煤回风上山→总回风井→抽采泵房。

⑥ 材料运输系统:副斜井→17 煤车场→17 煤行人上山→11703 工作面进风巷→11703 工作面运输巷→11703 工作面。

6.1.3 跨采工作面跨采可行性分析及关键问题

6.1.3.1 17 煤跨采工作面跨采可行性分析

由前节分析可知,吉源煤矿针对 11706 工作面跨采设计了较为全面的运输、通风以及辅助运输系统。

① 通风方面:通过对跨采各个阶段的系统巷道进行合理的改善和布局,在吉源煤矿跨采的各个阶段,跨采期间进风路线及回风路线均不通过采空区,不存在采空区漏风量大、通风管理困难等问题。此外,应特别注意的是,17 煤瓦斯治理巷与 11706 工作面运输巷及 11706 工作面回风巷连通,在矿井生产过程中应加强对 17 煤瓦斯治理巷通风管理,防止出现通风短路问题。

② 运输系统方面:始终通过 11706 工作面运输巷或 11703 工作面运输巷与 17 煤行人斜巷连接,煤流通过 17 煤行人斜巷→溜煤眼→主斜井→地面煤场,实现运输安全。

③ 辅助运输方面:在 11706 工作面跨采过程中通过 11706 工作面材料运输斜巷与 11706 工作面运输巷连接,实现运料安全。在跨采完成后通过 17 煤行人斜巷与 11703 工作面进风巷连接,实现运料安全。

④ 瓦斯治理方面:建立了完备的瓦斯抽采系统,能够对工作面及采空区瓦斯进行有效治理,保证在吉源煤矿跨采期间瓦斯治理达标。

⑤ 防突措施方面:11703 工作面回采区域的区域防突措施是开采上保护层,其中有 300 m 范围被 12 煤的回采区域完全覆盖,为有效保护区域。靠近停采线有 70 m 长度(面积 14 000 m^2)未被覆盖,设计在未被保护区域从 11903 工作面回风巷和 11903 工作面运输巷打穿层钻孔预抽本区域的瓦斯作为区域防突措施。穿层钻孔覆盖未保护区域的全部范围,抽采半径为 1.5 m。11703 工作面运输巷和回风巷掘进阶段采用顺层条带钻孔预抽本煤层瓦斯。在 11703 工作面正常推进时,采取在工作面范围内布置顺层抽采钻孔预抽本煤层瓦斯的局部防突措施,顺层抽采钻孔沿运输巷和回风巷向工作面平行布置,孔间距为 3 m(抽采半径为 1.5 m)。

综上所述,为保证 17 煤跨采的顺利实施,吉源煤矿通过改进矿井采掘布局、改善巷道布置、建立完备的瓦斯抽采系统、采取可靠的防突措施,实现了通风、行人、运输、运料安全,且在制定合理的安全技术组织措施的前提下具备可行性。

6.1.3.2 17 煤工作面跨采关键问题

根据前节分析可知,17 煤开采过程中具有较完善的通风、运输、行人、瓦斯抽采等系统,但在跨采过程中仍应注意以下几个关键问题。

① 11706 工作面为不规则工作面,工作面的两巷不平行,长度也不等,且在 11706 工作面跨采到 11703 工作面时,上下巷均有错动。跨采过程中工作面的倾斜长度会出现增减(第二阶段和第三阶段),在工作面倾斜长度增减过程中,应合理安排组织实施工作面采煤工序,编制液压支架增减、输送机搭接等安全作业规程和组织措施,保证跨采的顺利实施,预防事

故发生。

② 跨采工作面进风巷为双巷平行布置，新掘进的 11703 工作面进风巷与 11703 工作面运输巷平行布置，为双巷掘进，11703 工作面进风巷还将留作 11705 工作面回风巷，其服务时间较长，且将受到 11703 工作面采动影响。在 11703 工作面推进阶段(第四阶段)，应加强对 11703 工作面进风巷的围岩控制，制定合理可靠的巷道围岩控制技术措施，防范顶板事故发生。

③ 在 17 煤跨采过程中，应特别注意通风安全，始终保证工作面的进风、回风路线不经过采空区，以实现通风安全。

④ 17 煤工作面在跨采过程中将跨越位于 19 煤中的三条上山巷道，17 煤工作面开采不可避免地对三条上山巷道产生开采扰动。在煤层开采过程中，工作面采动支承压力可以分为原岩应力区(图 6-5 中 *A* 位置)、应力增高区(图 6-5 中 *B* 位置)、应力降低区(图 6-5 中 *C* 位置)以及应力恢复区(图 6-5 中 *D* 位置)。在 11706 工作面跨采前、推进至三条上山巷道位置时，巷道位于图 6-5 中 *B* 位置，此时，底板巷道受到超前支承压力的影响，巷道围岩将受到较强的开采扰动。跨采后三条上山位于 17 煤采空区下方，即图 6-5 中 *C* 或 *D* 位置，根据工作面煤层开采采动应力分布状态，上山巷道围岩处于应力降低区或应力恢复区。此时，上山巷道围岩若能保持完整，其所受采动应力影响较小，有利于上山巷道围岩维护。

因此，吉源煤矿跨采上山巷道围岩控制，主要考虑当巷道位置位于工作面前方，即图 6-5 中 *B* 位置时，也即在 11706 工作面推进至上山位置时，上山巷道处于应力增高区，此时上山巷道受采动应力影响剧烈，应对上山巷道进行围岩补强支护，保证巷道围岩完整性；同时，在跨采时应加快工作面的推进速度，避免超前支承压力长时间作用于上山巷道位置。

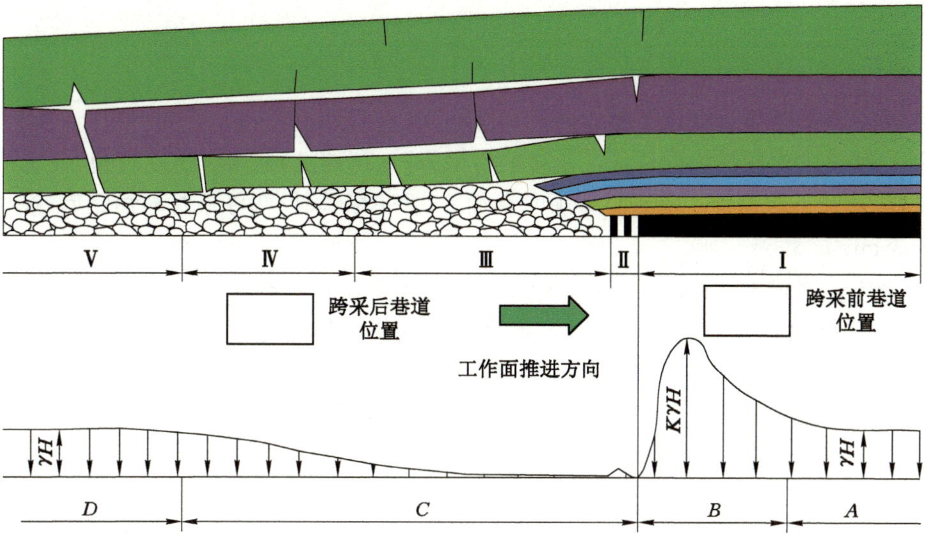

图 6-5　工作面采动应力分布规律

6.1.4　跨采巷道加固施工工艺及安全措施

为保证吉源煤矿 17 煤工作面顺利跨采及跨上山回采期间的安全生产，在执行《煤矿安全规程》《各工种安全技术操作规程》《防治煤与瓦斯突出细则》等相关规程规范的基础上，矿井技术负责人应制定安全技术组织措施，确保跨采时通风、行人、运输、运料等系统安全，同时保证防突措施到位、瓦斯治理达标、采动巷道围岩稳定。

6.1.4.1　锚索打眼工艺

锚索作业顺序为：定位、钻眼、装锚固剂、装锚索、张拉预紧。

安装锚索顺序：施工锚索眼→安装锚索、托板并拉紧。

(1) 锚索打眼

采用锚杆钻机配合 ϕ32 mm 钻头施工。钻孔时应按照先顶后帮的顺序依次进行，钻孔位置尽量将围岩凿平整，无突出岩块，锚索孔位误差不大于 50 mm，钻孔角度误差不大于 5°，锚索孔深度 7 000 mm±50 mm，将钻孔内的碎屑、积水清理干净。

(2) 打眼要求

打眼前先按照由下向上、先顶后帮的顺序检查顶帮、找掉活矸危石，确认安全后方可作业；眼位要准确，眼位误差不得超过 100 mm，锚索眼深度应与锚索长度相匹配，严格按锚索长度打眼；严格按照锚索间排距施工；打眼时要先送水、后送风，停机要先停风、后停水。

6.1.4.2　锚索安装工艺

① 送树脂药卷：向孔内装入 4 卷 K2335 树脂药卷，用钢绞线慢慢将树脂药卷推入孔底。

② 搅拌树脂：用搅拌锚索锤将单体锚杆钻机与钢绞线连接起来，然后升起钻机推进钢绞线，边搅拌边推进，直至推入孔底，搅拌 30 s 后停机，但锚索外露长度应不小于 250 mm，以便预紧张拉。

③ 在锚索尾部依次安装止浆塞、推杆、托板、锁具，用锚索张拉机具进行加压，张拉预紧力不低于 200 kN 和贴紧岩面。

6.1.4.3　注浆工艺及技术要求

① 注浆设备距最远处注浆锚索的距离应在 10 m 以内。

② 根据要求向搅拌桶内注入一定量的清水，开动搅拌机，开始时速度较慢，向桶内加入注浆材料，边加入边搅拌。注浆材料须慢慢加入，并不断搅拌，等注浆材料加完后，搅拌时间不少于 5 min。

③ 卸下注浆锚索尾部的丝堵，将锚索注浆连接器连到锚索尾部内螺纹上，慢慢扭紧注浆连接器；注浆锚杆直接通过锚杆注浆连接器连到锚杆尾部外螺纹上，慢慢扭紧注浆连接器，注浆前检查与注浆泵连接的注浆管是否畅通。

④ 启动注浆泵注浆，开始时速度要慢些，根据浆液压入情况，逐步提高注浆流量。

⑤ 在注浆过程中，当注浆压力达到设计值时，等待 2～3 min 再注浆。

⑥ 注浆顺序：从三条上山下部往上部注浆，先帮后顶。

⑦ 注浆材料：采用矿用无机加固材料作为注浆材料，浆液水料比为 0.5∶1。中空注浆锚索注浆压力为 2～4 MPa。注浆时机为，喷浆凝固 24 h 后开展中空注浆锚杆注浆工作，中空注浆锚杆注浆完成 1～3 d 后开展中空注浆锚索注浆工作。

⑧ 当锚索托板周围出浆或锚索周围的裂隙、锚索孔出浆或注浆压力达到设计要求时，表明已注满，停止注浆。

⑨ 注浆过程中每个钻孔应一次性注满，若中途停滞时间超过 10 min，将会堵塞注浆管。

⑩ 卸压后卸下注浆连接器，拧紧锚索尾部丝堵。连接下一锚索，重复以上过程。

⑪ 中空注浆锚索每孔稳压时间：注浆压力达到 2～4 MPa 后稳压 10 min。

⑫ 注浆效果检验：注浆结束后每隔 50 m 布置一组检查孔，采用钻孔窥视仪检查注浆效果。对不合格的钻孔，进行补注。

6.1.4.4 安全注意事项与要求

① ϕ22 mm 中空注浆矿用锚索因索体弹性大，如锚索采取盘卷运输，则在盘卷以及井下伸开时要特别注意安全，以防其突然弹开伤人。

② 配置注浆液时，工作人员要佩戴好橡胶手套、防护眼镜和防尘口罩等防护用品，以防浆液烧伤皮肤以及吸入粉尘。

③ 开机搅拌后，严禁将手伸入搅拌桶内，以防发生意外。

④ 开泵司机要认真负责，集中精力时刻关注压力表读数，注浆人员与开泵司机要严格执行注浆制度，确保安全、顺利注浆。

⑤ 注浆时，锚索下方和两侧严禁站人，以免出现意外。

⑥ 注浆压力表读数要准确无误，严禁堵塞管路，一旦堵塞应立即停泵处理或更换，确保注浆压力表读数准确。

⑦ 高压管路应用专用 U 形销子，严禁用铁丝代替。

⑧ 注浆过程中，所有人员禁止在孔口正前方停留，阀门丝扣要拧紧，防止注浆管路受高压窜出或阀门破裂伤人。

⑨ 为防止注浆管路受高压窜出或阀门破裂伤人，用专用设备把注浆管和锚索连接在一起，起保护作用。

⑩ 每次换孔时，应先关闭注浆阀门，卸压后方可操作。操作时，卸载管口严禁对人。

⑪ 注浆人员根据注浆情况发出开注或停注通知，开泵司机应确认后方可操作。

⑫ 注浆压力及浆液的稠度应考虑现场围岩状况加以确定。

⑬ 当浆液溅入眼睛时，应赶快用清水清洗，情况严重时要及时送医。

⑭ 张拉锚索时，严禁张拉机具下站人，以免张拉机具下滑而发生事故。

6.1.5 跨采工作面底板巷道加固方案

根据现场勘查，吉源煤矿 19 煤三条上山均采用 U 形棚配合喷射混凝土支护，U 形棚棚距 1 m，19 煤轨道上山、运输上山巷道变形破坏情况不严重，19 煤回风上山局部地段有底鼓现象。11706 工作面跨上山开采时，由于 17 煤与 19 煤平均间距为 25 m，19 煤三条上山围岩松动圈范围不会直接与其上覆工作面底板破坏带贯通，但仍将受到工作面采动压力的一定影响，巷道将会发生不同程度的变形。根据 17 煤、19 煤顶板围岩破碎情况，并结合前述对上山巷道围岩控制重点分析，上山巷道加固思路如下：

① 在 11706 工作面跨越三条上山之前，需要提前对三条上山巷道围岩进行注浆加固，以提高巷道围岩整体的承载能力，以防在 17 煤推进过程中由于应力叠加和卸载导致巷道围岩整体承载能力下降。

② 19 煤三条上山均采用 U 形棚支护，在采动压力的影响下，为杜绝 U 形棚剧烈变形，对 U 形棚的薄弱点棚腿及卡兰搭接位置进行加固，人为施加支护阻力，将 U 形棚由二向受力状态转变为三向受力状态，提高 U 形棚的整体抗变形能力。

③ 针对巷道群密集地段和地质构造带附近巷道围岩，除采取上述措施外，根据巷道围岩变形情况，还应在巷道肩角处采用注浆锚索＋钢带或槽钢加强支护，控制巷道肩角处变形。

④ 加强上山巷道围岩变形和采动应力监测及日常观测，并针对巷道围岩变形急剧增加的区域及时采取补强支护措施。

6.1.5.1 巷道围岩中空注浆锚索及U形棚加固

(1) 巷道围岩中空注浆锚索布置

① 规格 ϕ22 mm×7 300 mm，间排距 1 300 mm×1 000 mm；在巷道中心线处布置 1 根锚索，两侧对称各布置 3 根锚索，见图 6-6。

② 注浆锚索钻孔采用 ϕ32 mm 钻头，钻孔深度 7.0 m，锚固长度 1.3 m 左右，外端采用内置式封孔器封孔。

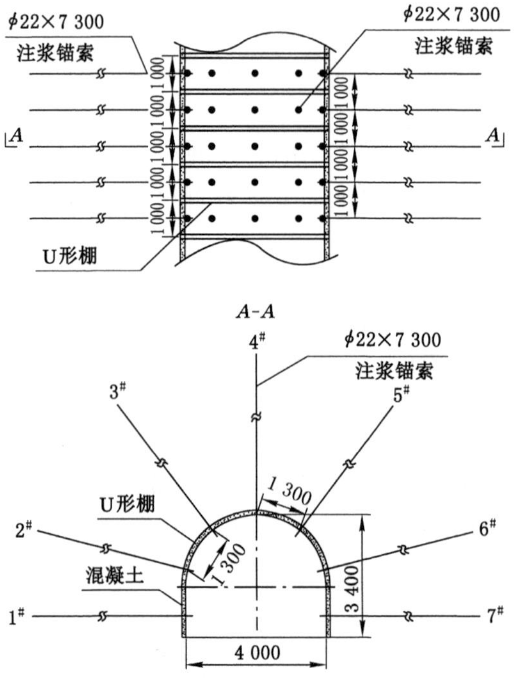

图 6-6 注浆锚索布置示意图

(2) 巷道U形棚加固

距离巷道底板 0.3 m 位置，每两架 U 形棚，采用长度 1.5 m 的 11# 工字钢配合锚索加固棚腿和卡兰搭接位置，锚索长度 4.3 m、直径 17.8 mm，锚索眼深度 4 m，锚索垂直于巷道布置，见图 6-7。

6.1.5.2 注浆方案

注浆孔布置：注浆锚索钻孔间距 1 300 mm，排距 1 000 mm。

孔深：注浆锚索孔深 7 000 mm。

注浆方式：全长一次注浆。

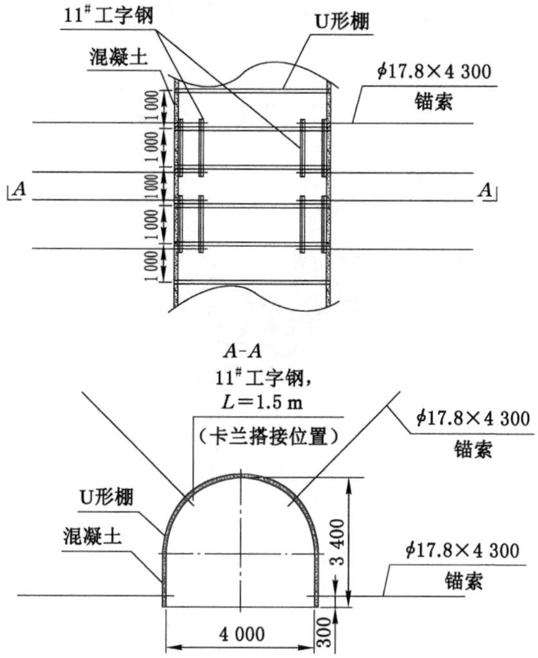

图 6-7　U 形棚加固示意图

成孔:使用液压或风动锚杆钻机施工钻孔。

注浆材料:矿用无机加固材料。

注浆压力:锚索注浆压力 2～4 MPa。注浆时根据浆液渗入及围岩漏浆情况进行调整。

注浆和支护材料、设备及其性能如下:

(1) 注浆材料

矿用无机加固材料是一种粉状无机加固材料,水灰比 0.5∶1,与水混合搅拌后,会形成一种具有收缩补偿性的、高流动性的注浆材料,具有以下优点:

① 早强、高强特性

矿用无机加固材料早期、终期强度高。1 d 强度可达 20 MPa 以上,28 d 强度可达 50 MPa 以上。

② 流动特性

矿用无机加固材料具有高扩散性、自密实性,靠泵注压力便可填充全部裂隙。

③ 收缩补偿性

矿用无机加固材料可实现无机材料的收缩补偿,在整个裂隙充填及锚固体系中起到主动结合作用。

④ 绿色环保

矿用无机加固材料无毒、不含腐蚀性物质。

(2) 支护材料

中空注浆锚索实物见图 6-8。

采用树脂端锚＋后期注稠浆的大孔径注浆锚索具有以下优点:

图 6-8　中空注浆锚索实物

① 采用树脂端锚锚具锁紧，安装后施加预紧力立即承载，这一点对于自稳能力差的顶板是非常有利和必要的，也是现有的各种注浆锚索产品均无法做到的。

② 锚索索体为中空结构，自带芯管，安装时采用反向注浆，可消除产生气穴空洞的可能，保证锚固浆液充满钻孔，施工步骤大为简化。

③ 采用树脂端锚，给封孔和高压注浆提供了条件，确保在高注浆压力下的安全施工。

④ 采用全新索体结构，在大孔径注浆的前提下，使索体直径最小化，所需安装孔径小，可实现小孔径、大吨位，索体结构本身满足高压注浆的要求，可以实现锚注结合。

中空锚注锚索的主要技术参数如下：

钢丝公称直径：5.0 mm；

索体直径：22 mm；

长度：7 300 mm；

安装孔径：32 mm；

强度及破断力：1 860 MPa/400 kN；

树脂锚固长度：1 000～1 500 mm。

(3) 注浆设备

采用 ZBQ-25/5 型气动注浆泵注浆，流量 28 L/min，排浆压力 5 MPa，工作压力 0.4～0.6 MPa，耗气量 3.1 m^3/min，整机质量 34 kg，见图 6-9。

(4) 其他设备

包括注浆搅拌器（锚索）、注浆连接器（锚索）、高压输料管、风动锚杆钻机、ϕ32 mm 钻头、钎杆、张拉机具、变头等。

(5) 材料消耗量

19 煤运输上山、19 煤回风上山、19 煤轨道上山加固长度共计 600 m，预计材料消耗量及配套机具详见表 6-1、表 6-2。

图 6-9 矿用气动注浆泵

表 6-1 材料消耗量表

序号	名称	规格	单位	每米巷道材料消耗量	材料消耗总量	备注
1	中空注浆锚索	ϕ22 mm×7 300 mm	套	7	4 200	含托板、螺帽、锥形止浆塞
2	锚索	ϕ17.8 mm×4 300 mm	套	4.8	2 880	含索具
3	工字钢	11# 矿用工字钢	m	3.6	2 160 (约 56.4 t)	加固 U 形棚
4	矿用无机加固材料		t	3.5	2 100	50 kg/袋
5	气动注浆泵	ZBQ-25/5	台	1	1	

备注:注浆量为估算值,应以现场实际用量为准。

表 6-2 配套机具

序号	机具名称	型号	备注
1	钻机	液压锚杆钻机或风动锚杆机	矿方已有,由矿方准备;未配备,可考虑购置
2	钻头	ϕ32 mm	
3	锚固剂	K2335	
4	张拉机具	MQ22-300/50 型张拉机具	
5	高压管	DN19,长度 10 m 的 1 根,长度 1 m 的 3 根	
6	钢管	ϕ50 mm×100 mm (用于孔口破碎时,顶住止浆塞进入钻孔)	
7	其他配件	三通、球阀、变头、棉纱若干	

6.2 湾田煤矿跨采工作面巷道围岩控制技术

6.2.1 工程概况

湾田煤矿井田含煤地层为上二叠统宣威组，属陆相偏海陆交互沉积。上覆地层为下三叠统飞仙关组，下伏地层为峨眉山玄武岩组。井田内含煤 45～56 层，煤层总厚 48.55～57.03 m，一般厚 53 m，含煤系数 13%。

图 6-10 所示为湾田煤矿一采区工作面布置图。截至 2017 年 11 月，一采区共计布置 9 个工作面，按照开采时间顺序分别是 11001 工作面、11002 工作面、11201 工作面、11202 工作面、11701 工作面、11702 工作面、11801 工作面、11502 工作面和 11802 工作面。11001 工作面开采 10# 煤层，工作面斜长 130 m，走向长 290 m；11002 工作面开采 10# 煤层，工作面斜长 116 m，走向长 78 m；11201 工作面开采 12# 煤层，工作面斜长 130 m，走向长 180 m；11202 工作面开采 12# 煤层，工作面斜长 130 m，走向长 353 m；11701 工作面开采 17# 煤层，工作面斜长 130 m，走向长 530 m；11702 工作面开采 17# 煤层，工作面斜长 130 m，走向长 342 m；11801 工作面开采 18# 煤层，工作面斜长 158 m，走向长 468 m；11502 工作面开采 15# 煤层，工作面斜长 181 m，走向长 342 m；11802 工作面开采 18# 煤层，工作面斜长 270 m，走向长 360 m。各工作面埋深在 200～300 m 之间。其中，11001 工作面和 11002 工作面属于跨石门开采，其余工作面均为两翼开采，在下山巷道两侧留设 30～50 m 不等的煤柱。

6.2.2 11001 工作面跨石门开采

为在巷道上部形成卸压区，决定 11001 工作面（走向长 80 m）由 11002 工作面直接跨 1537 轨道石门及 1490 运输石门进行开采；为解决 11002 工作面跨石门开采的安全问题，必须加固 1490 运输石门。

技术要求如下：

① 过 1490 运输石门前，在 1490 运输石门尾段用 2～5 m 的单体支柱打设两排超前支护，长度 30 m。

② 过 1490 运输石门前，在 11002 工作面运输巷用 2～5 m 的单体支柱打设两排超前支护，长度 20 m。

③ 过 1490 运输石门段必须及时拉架，支架顶梁铺设铁丝网，用刹杆、小板等支护材料刹严背实，支架密贴顶板，防止交岔点顶板漏冒。

④ 单体支柱必须栓防倒绳。

⑤ 在 11002 工作面过 1490 运输石门前必须逐步调整工作面推进方向与 12# 煤运输石门斜交、严禁工作面与 1490 运输石门垂直推进。

⑥ 作业人员进入施工现场开展每一项施工作业前，必须先“敲帮问顶”并指派专人进行观察，敲帮问顶和观察工作由从事井下工作多年且责任心很强的人员承担，发现问题必须及时进行处理。

⑦ 每班施工前，班队长必须对提前支护好的液压单体支柱进行检查，有卸压柱、坏柱及时进行替换。

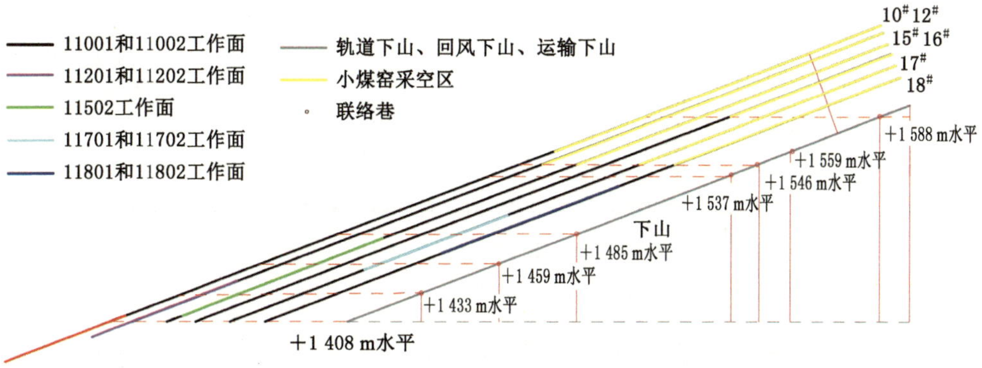

(a) 工作面布置剖面图

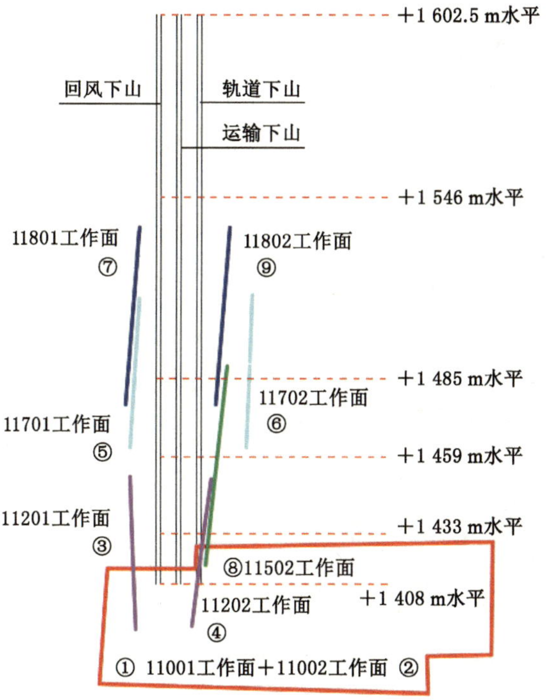

(b) 工作面布置平面图

图 6-10 湾田煤矿一采区工作面布置

⑧ 工作面过 12# 煤运输石门时必须及时拉架，尽量减少空顶时间和面积，严禁空顶作业。

11001 工作面跨石门开采示意图如图 6-11 所示。

6.2.3 跨采工作面巷道围岩控制原理及工艺

6.2.3.1 再造承载拱的围岩完整性注浆恢复方案

1. 弱淋水影响区域注浆加固

(1) 清理表面浮矸

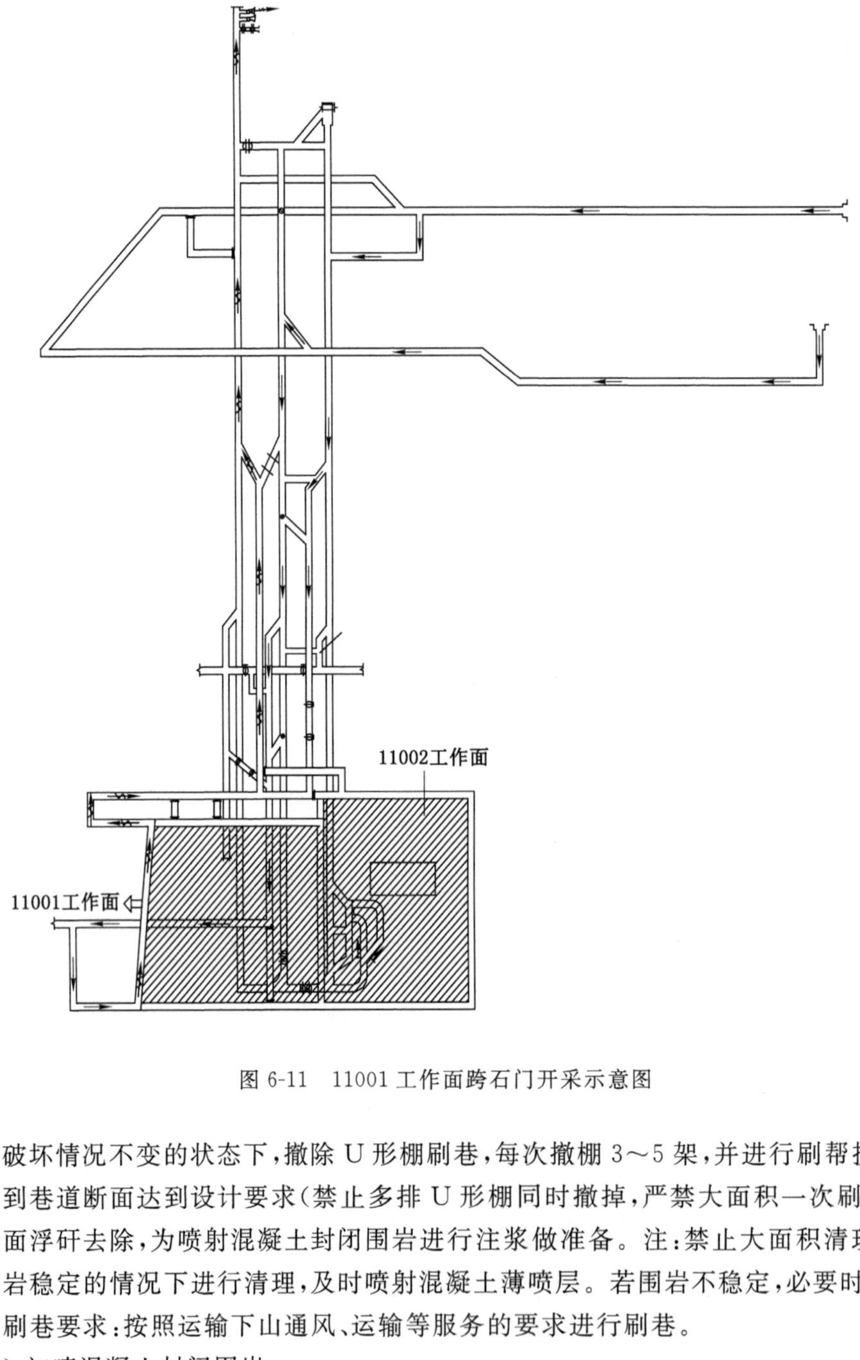

图 6-11　11001 工作面跨石门开采示意图

在破坏情况不变的状态下，撤除 U 形棚刷巷，每次撤棚 3～5 架，并进行刷帮扩顶落底，直至刷到巷道断面达到设计要求(禁止多排 U 形棚同时撤掉，严禁大面积一次刷帮扩顶)，并将表面浮矸去除，为喷射混凝土封闭围岩进行注浆做准备。注：禁止大面积清理浮矸，在保证围岩稳定的情况下进行清理，及时喷射混凝土薄喷层。若围岩不稳定，必要时做好临时支护。刷巷要求：按照运输下山通风、运输等服务的要求进行刷巷。

(2) 初喷混凝土封闭围岩

喷层厚度：50～100 mm，主要封闭破碎围岩，进一步为注浆做准备。

喷浆材料及配比：喷浆材料强度等级为 C20，采用强度等级为 42.5 的普通硅酸盐水泥，配比为：水泥∶砂子＝1∶2，水灰比 0.45～0.55，速凝剂添加量为水泥用量的 3%～5%。

(3) 注浆设计方案

注浆设计采用先下后上、先浅后深方案。

① 浅孔注浆方案

注浆钻孔沿巷道断面帮顶成排布置，注浆孔排距为 2 000 mm，间距为 2 000 mm，三花布置，两帮注浆孔布置在拱顶直墙相接处和距底 400 mm 处。浅孔注浆技术参数如图 6-12 所示。

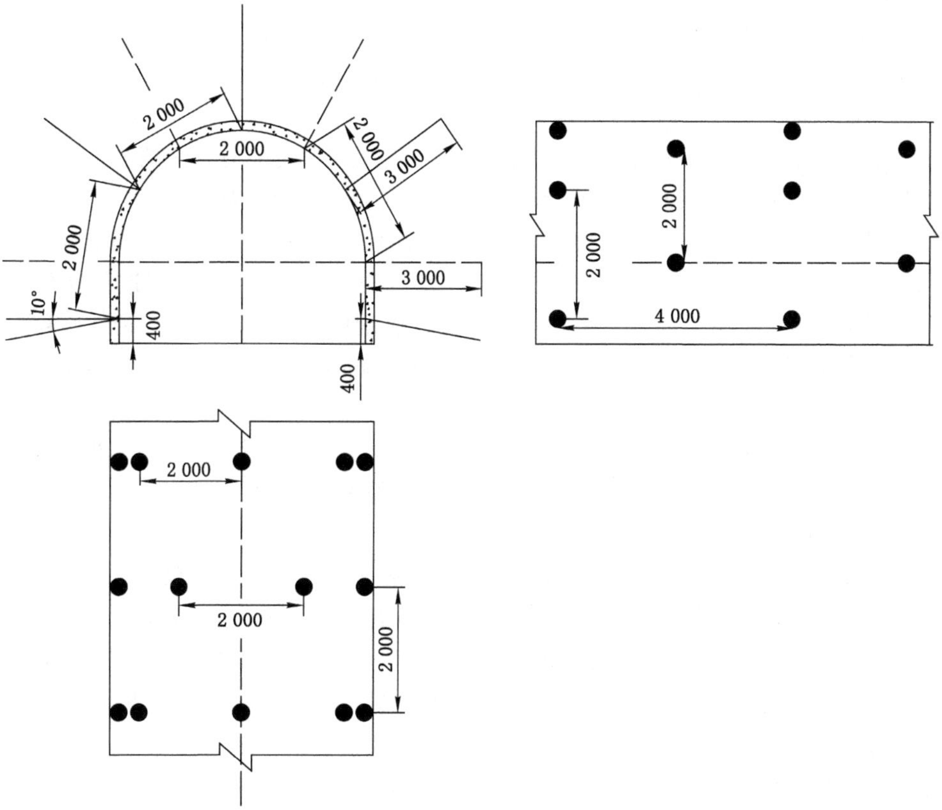

图 6-12　浅孔注浆孔布置图

每排分别均布 5 个和 4 个注浆孔、交替布置，变断面处由于几何尺寸变化注浆孔数量将不同，但要保证间排距，钻孔间距误差不得大于 300 mm，否则需补打注浆孔；此外，底部注浆孔的位置要保证，开口处距底板距离不得大于 500 mm。帮顶注浆钻孔使用锚索钻机成孔，配备钻头直径为 30 mm。注浆孔深度为 3 000 mm。巷道轴向两帮底部 1 列注浆孔下扎 10°，其余注浆孔全部垂直于巷道表面。注浆终止压力为 0.3～1 MPa，漏浆严重地带注浆压力为 0～3 MPa，根据现场情况进行调整。

注浆材料采用双液浆，即水泥-水玻璃混合浆液。水泥采用强度等级为 42.5 的普通硅酸盐水泥，使用萘系高效减水剂，水泥浆水灰比为 0.4∶1～0.6∶1，减水剂掺量为 0.7%～1%，该减水剂为粉剂。水玻璃浓度为 48～55 Be'（根据现场情况进行调整），模数 $M=2.8\sim3.2$。水泥浆和水玻璃的体积比为 1∶0.4～1∶0.8。使用水泥-水玻璃混合液和棉纱固定孔口注浆管并封孔，封孔深度不小于 300 mm。

施工工艺为：巷道表面喷浆→临时支护→按设计位置标记钻孔位置→按设计施工顺序

及角度钻孔→钻孔至设计孔深并清洗→注浆管插入钻孔,外露螺纹端长度 150 mm→水泥和棉纱封孔→1～2 h 后连接注浆系统(时间可以调整)→压水、注浆至终压→关闭孔口阀、撤除注浆系统→5 h 后撤除孔口阀。

技术要求如下:

a. 注浆管:注浆管(外端套上丝扣)采用 6 分钢管,长度 800 mm,插入钻孔,外露长度 150 mm,使用水泥和棉纱封堵注浆管与钻孔之间的间隙,封孔深度不小于 300 mm。

b. 钻孔:钻孔位置满足设计要求,孔口位置偏差不超过 200 mm。成孔后应清洗干净,并做好钻孔检查记录。

c. 注浆顺序:所有钻孔采用全长一次注浆。注浆顺序为先下方后上方,先帮孔后顶孔,顶板和两帮注浆管利用止浆阀(球阀)保持孔内压力直至浆液完全凝固。

d. 结束条件:单个钻孔注浆压力达到 1 MPa 设计终压;所有注浆孔均符合单孔结束条件,无漏注。注浆结束后必须对注浆效果进行检查,若未达到设计要求,应进行补孔注浆。

e. 注浆检查:除在注浆前进行钻孔质量和材料质量检查、注浆后进行注浆效果检查外,注浆过程中应密切注意现场情况,包括围岩变化、表面漏浆及注浆压力等,发现问题应立即处理。

f. 打钻、注浆过程中及时处理漏浆点。除大范围连片漏浆外,采用人工糊缝处理漏浆点,并压注单液水泥浆。对大范围漏浆区域注双液浆堵漏时,必须对双液浆固化速度进行测试和调整,确保浆液具有较长时间的流动性。

g. 注浆过程发生相邻钻孔窜浆时,必须对窜浆的钻孔进行交替注浆或分开管路同时注浆,禁止利用一个钻孔对两个或更多窜浆钻孔同时灌注,分别记录连通钻孔注浆情况。

h. 注浆过程系统运行必须可靠,随时检查压力表是否正常,发生故障及时更换,禁止在压力表故障状态下进行注浆施工。根据注浆压力控制注浆速度为 10～25 L/min。

② 深孔注浆方案

深孔注浆技术参数与浅孔注浆一致,如图 6-13 所示。

此外,注浆施工工艺及技术要求也与浅孔注浆基本相同。

a. 注浆孔布置:与浅孔交叉三花眼布置。

b. 注浆孔深度:7 000 mm。

c. 注浆管:采用 6 分钢管,长度 800 mm,与浅孔注浆管规格相同。

d. 注浆材料:采用强度等级为 42.5 的普通硅酸盐水泥浆液(单液浆)。

e. 添加剂:萘系高效减水剂,添加量为水泥质量的 0.7%～1%。

f. 水灰比:水泥浆水灰比为 0.4∶1～0.6∶1。

g. 注浆压力:注浆终止压力为 4～6 MPa,根据现场情况进行调整。

(4) 终喷混凝土

为保证巷道施工质量及巷道围岩控制效果,待锚索打设完成且张拉后,对巷道表面喷射混凝土。厚度控制在 80～100 mm,可采取二次或多次喷射的方式。喷浆材料及配比:喷浆材料强度等级为 C20,采用强度等级为 42.5 的普通硅酸盐水泥,配比为:水泥∶砂子＝1∶2,水灰比为 0.45～0.55,速凝剂添加量为水泥用量的 3%～5%。

2. 强淋水影响区域注浆加固

(1) 清理表面浮矸

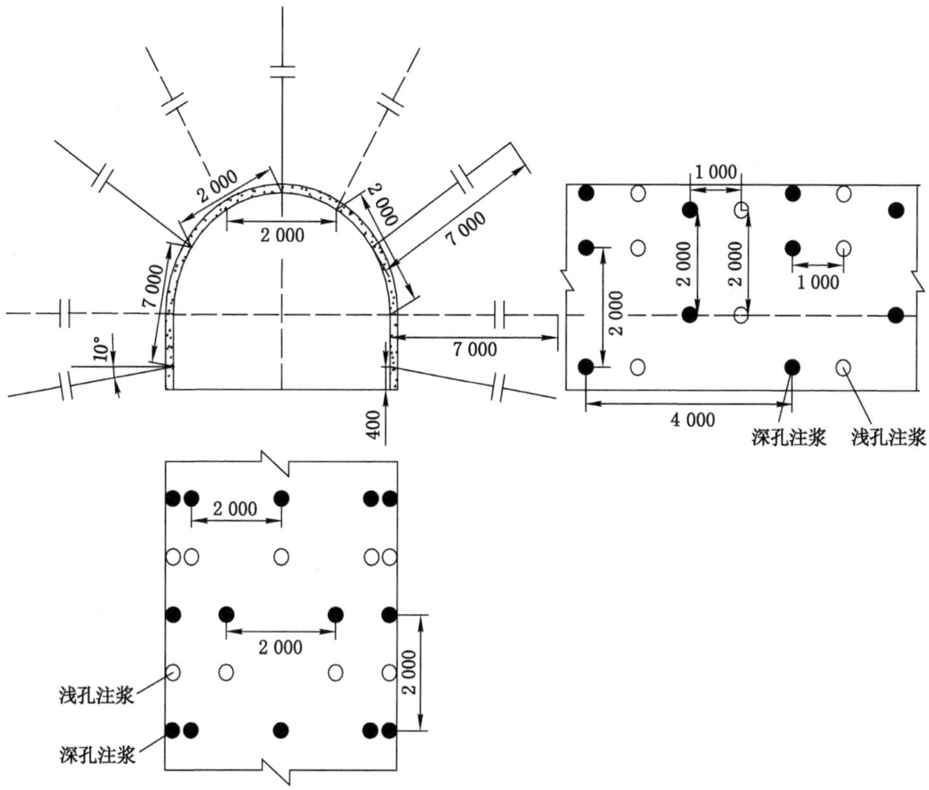

图 6-13　深孔注浆技术参数

在目前运输下山破坏情况不变的状态下,尽可能清理掉开裂和悬着的喷层或表面破碎的岩石,为喷射混凝土封闭围岩进行注浆做准备。

(2) 喷射混凝土薄喷层

喷层厚度:30～50 mm,主要封闭破碎围岩,进一步为注浆做准备。

喷浆材料及配比:喷浆材料强度等级为 C20,采用强度等级为 42.5 的普通硅酸盐水泥,配比为:水泥∶砂子=1∶2,水灰比为 0.45～0.55,速凝剂添加量为水泥用量的 3%～5%。

(3) 注浆材料的选择

注浆采用江苏博厦矿山科技有限公司生产的高水充填材料。高水充填材料是一种能在高水灰比条件(1.3∶1～3∶1)下快速凝结的特种水泥,是中国矿业大学承担的国家“七五”“八五”重点科技攻关项目的研究成果。高水充填材料分甲料、乙料两部分,按 1∶1 的比例配合使用。甲料、乙料单独与水混合 24 h 不凝结,为避免管路堵塞和一定条件下不冲洗管路创造了条件,而甲料浆和乙料浆一旦混合则快速凝结硬化。

与一般的水泥类材料相比,高水充填材料具有以下特点:① 高水灰比条件下结石率 100%;② 凝结时间短,早期强度高并可调;③ 塑性好,凝结体单轴加压应变达 15%时,其残余强度还能维持在峰值强度的 50%以上;④ 凝结体具有微膨胀性;⑤ 改变水灰比和添加剂成分就能获得不同强度的凝结体,可以满足不同工程的需要;⑥ 单位体积充填材料用量少,在水灰比为(1.6～1.8)∶1 的条件下,1 m^3 充填体只需高水充填材料 500 kg。

高水充填材料的水化硬化反应过程可描述如下：

① 单轴抗压强度与水灰比的关系

高水充填材料单轴抗压强度与水灰比呈反比关系(图 6-14)，水灰比越小，单位体积充填需要使用的高水充填材料越多，水用量越少，充填凝固体的强度就越高；反之，水灰比越大，单位体积充填需要使用的高水充填材料越少，水用量越多，充填凝固体的强度就越低。水灰比为 0.5∶1～0.75∶1，这是普通水泥混凝土经常使用的水灰比范围，高水充填材料单轴抗压强度可达 30～50 MPa 以上。根据高水充填材料单轴抗压强度与水灰比的关系，调节水灰比改变充填体单轴抗压强度可以满足多种强度要求的工程需要。

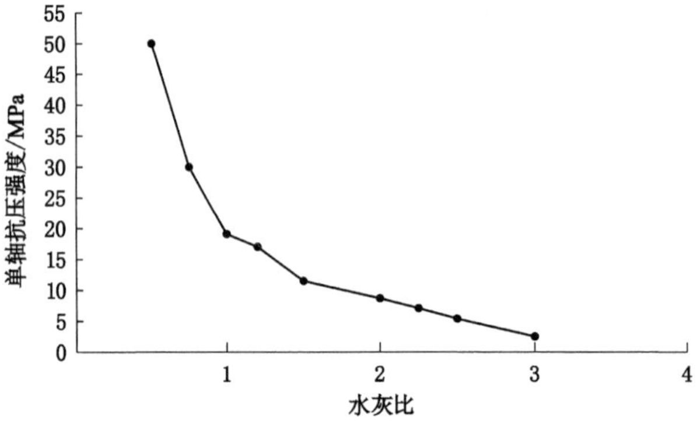

图 6-14　高水充填材料单轴抗压强度与水灰比的关系

② 高水充填材料的变形性能

利用 MTS815 型刚性伺服机测得高水充填材料在水灰比为 1.5∶1 条件下凝结 7 d 以后的全应力-应变曲线，如图 6-15 所示。

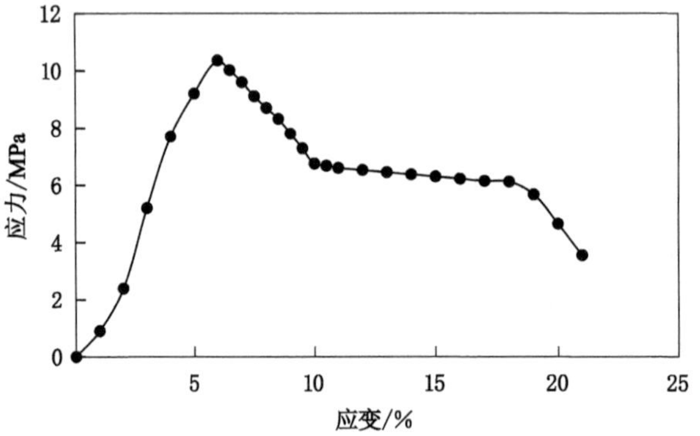

图 6-15　高水充填材料全应力-应变曲线

由图 6-15 可看出，高水充填材料具有明显的塑性特征，在载荷达到峰值强度后，高水充填材料并不立即完全破坏丧失承载能力，而是随着应变的进一步加大，承载能力缓慢下降，承载能力随应变增加缓慢下降的速度远小于一般的混凝土和岩石材料。此水灰比条件下高水充填材料峰值强度为 10.4 MPa，当应变达到 10%时，其强度还维持在峰值强度的 65%以上，应变继续增加达到18%，残余强度为峰值强度的59%左右。

高水充填材料充填体呈现明显的塑性材料特征，在压力作用下可以产生较大的塑性变形，强度衰减比较缓慢，可以维持较高的残余强度。

③ 高水充填材料注浆加固机理

注浆可改善岩体弱面的力学性能，提高裂隙的黏聚力和内摩擦角，增大岩体内部块间相对位移的阻力，从而提高围岩的整体稳定性。在破碎岩体注浆加固过程中，浆液在泵压的作用下挤压或渗透到破碎岩体的裂隙中，浆液固结后，以固体的形式充填在裂隙中并与岩体固结，这些充填材料在岩体内形成新的网络状的骨架结构。注浆后的岩体增加了由加固材料形成的浆脉，这些浆脉在岩体中呈薄厚不一的片状或条状，但均互相联系形成网络骨架，该骨架结构将裂隙附近的岩石单元由二向应力状态转变成三向应力状态，显著提高了破碎岩石的极限强度，起到了转换破坏机理和增加岩体强度的作用，而且巷道破碎煤岩体注浆后，凝固的浆液固结体将封闭围岩的裂隙，使破碎煤岩体形成一个整体，承载能力得以提高，围岩强度增大，巷道变形大大减小，巷道返修次数减少。

④ 高水充填材料注浆加固技术优势

a. 高水充填材料浆液流动性良好，非常便于输送；浆液渗透性强，能够很好地渗透到矸石、岩层和煤层等裂隙中。

b. 水作为高水充填材料固结体的一部分而成为结晶水，浆液凝固不析水，能够对围岩裂隙产生极好的封堵效果。

c. 高水充填材料固结体强度高，黏结性强，能够很好地将破碎围岩黏结为一个整体，有利于提高巷道围岩的整体承载能力。

d. 高水充填材料浆液凝固快，且能够结合巷道围岩裂隙中的水一起凝固，能够适应含水围岩的注浆加固。

(4) 注浆加固设计方案

① 注浆参数的确定

注浆前对巷道顶板和两帮进行喷浆封闭，防止注浆过程中跑浆，喷浆厚度不小于50 mm。

注浆主要以高水充填材料为基础，加水混合后形成固液两相流，混合后的浆液采用管路水力泵送。

② 水灰比

根据实验室试验结果，综合考虑井下施工条件、浆液固结强度及材料消耗量等因素，确定高水充填材料浆液的水灰比为1.2∶1。

③ 注浆孔布置和孔深

注浆孔布置的原则主要是保证浆液尽可能多且均匀地渗透到破碎围岩中，注浆管要打到破碎岩体内部。注浆孔的布置还要考虑加固效果，巷道肩窝处裂隙较发育，塑性区范围大，巷道先从肩窝处发生剪切破坏，而巷道两帮围岩又是重要的传力和承力部位，加固该部位可有效地控制巷道底鼓，因此对于受多次采动影响的巷道，注浆要考虑在两顶角和两帮布置注浆孔。根据注浆工程实践，注浆的有效扩散半径为1.0～1.5 m，现场注浆孔按照1.0 m的注浆扩散半径布置。为确保注浆效果，巷道顶板注浆采用深、浅孔相结合的方法，深孔5 m，浅孔2 m。注浆孔布置如图6-16所示，间排距2 000 mm×2 000 mm。

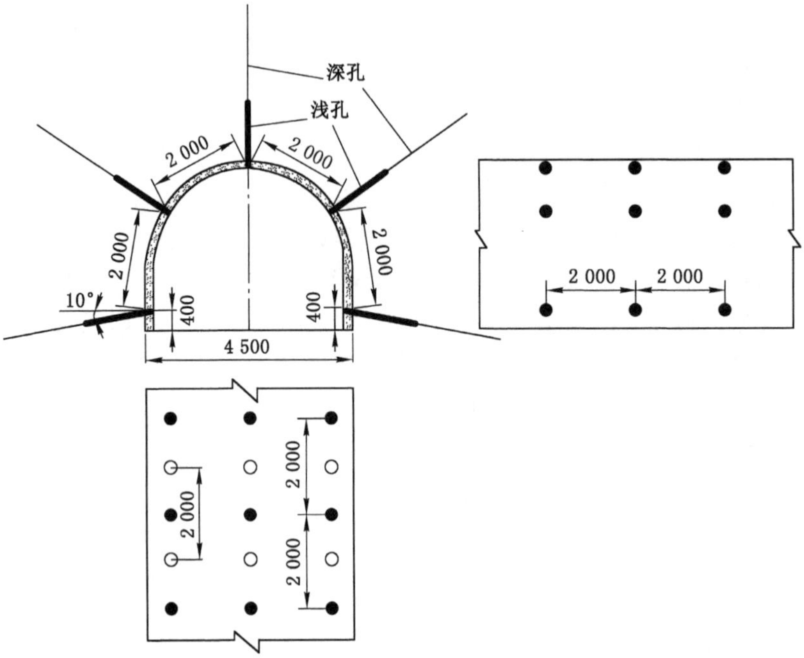

图 6-16　注浆孔布置图

④ 注浆管设计

注浆管采用 ϕ20 mm 钢管制作，内径 15 mm，壁厚 2.5 mm，外端加工 30 mm 长 M20 外螺纹。注浆浅孔采用长 1.6 m 的注浆管，在里段部分加工 2 组(4 个)ϕ6 mm 出浆孔，封孔长度为 1 000 mm，如图 6-17(a)所示；注浆深孔采用长 2.0 m 的注浆管，在里段部分加工 4 组(8 个)ϕ6 mm 出浆孔，封孔长度 1 000 mm，如图 6-17(b)所示。为了保证注浆管的布置效果，注浆孔用 ϕ42 mm 钻头打孔，成孔孔径不得超过 45 mm。

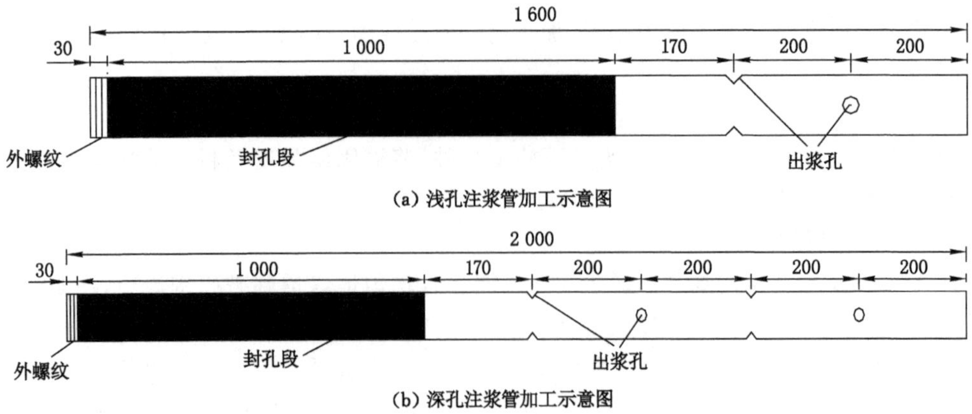

图 6-17　注浆管加工示意图

⑤ 封孔方式与注浆压力

采用麻绳混合树脂药卷的方式进行封孔。

注浆压力高有利于浆液渗透，以及减少注浆孔等工程量，但它有可能破坏围岩的整体结构，造成注浆失效。若岩体有明显的裂隙，注浆压力一般不超过 2 MPa；若围岩裂隙发育且严重破碎，则注浆压力一般不超过 1 MPa；裂隙开度较小时注浆压力可采用 1～2 MPa。如果岩性软弱，应控制注浆压力小于岩体单轴抗压强度的 1/10，以防止产生劈裂；对于渗透性能较差的岩体，应采用加密注浆孔的办法解决，不能仅靠提高注浆压力来解决问题。巷道进行深孔注浆时，一般已经进行过浅孔注浆，浅孔注浆和巷道表面喷浆为深孔注浆形成了双重垫层。此外，深孔注浆要考虑对更细小裂隙的填充，因此可以适当加大注浆压力，一般情况下可以采用不小于 2 MPa 的注浆压力以保证注浆效果。

根据湾田煤矿围岩条件、浆液的渗透性能以及设计的渗透范围，确定浅孔注浆终压为 1～5 MPa，深孔注浆终压为 3～5 MPa。

注浆过程中，当注浆压力达到设计终压后，关闭注浆泵 3～5 min；当注浆压力明显下降时，再点动开启注浆泵，直至注浆压力稳定在注浆设计终压(1.5 MPa/3.5 MPa)不再下降，即可停机。采用注浆枪头连接注浆管，停机后，关闭注浆阀，再开启卸压阀，然后换孔注浆，待浆液初凝后撤除注浆阀。注浆枪头加工示意图如图 6-18 所示。

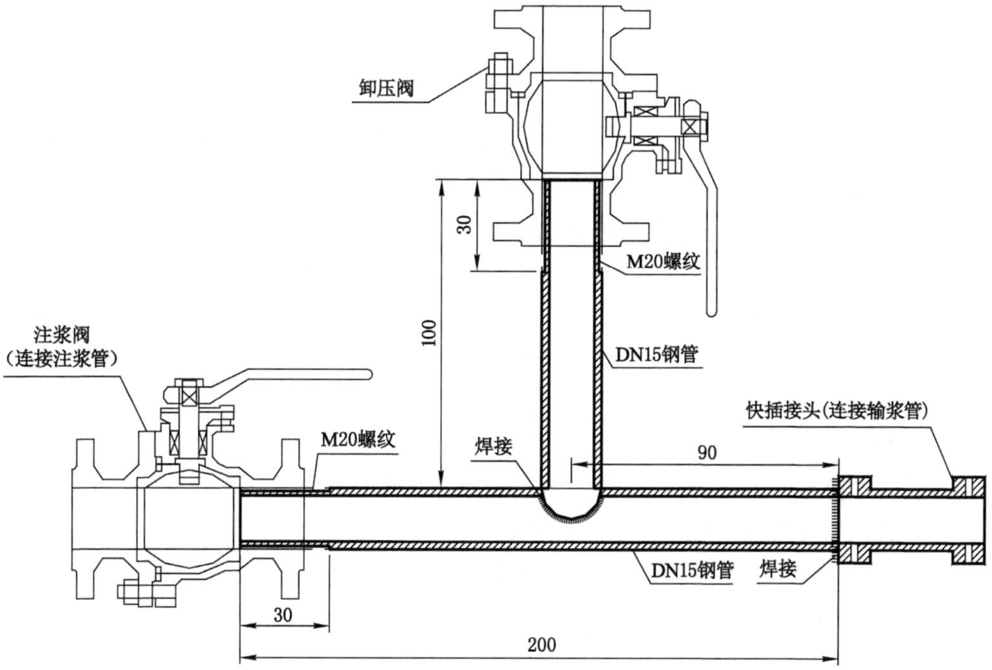

图 6-18　注浆枪头加工示意图

⑥ 清洗

每班完成注浆或因故暂停一段时间，如封孔结束、等待封孔段固结期间需要冲洗注浆泵和管路，直到管路最末端流出清水为止。

⑦ 工艺流程

注浆作业包括施工注浆孔、运料、制浆、封孔、注浆、清洗等工序。注浆施工作业点分为泵站点和注浆点。泵站点作业主要包括运料、制浆和清洗，主要设备包括 4 个搅拌桶、2 个注浆泵和吸浆管。注浆点作业主要包括钻注浆孔、封孔、注浆，设备主要包括钻机和混料器。泵站点和注浆点之间是出浆管线路。如图 6-19 所示。

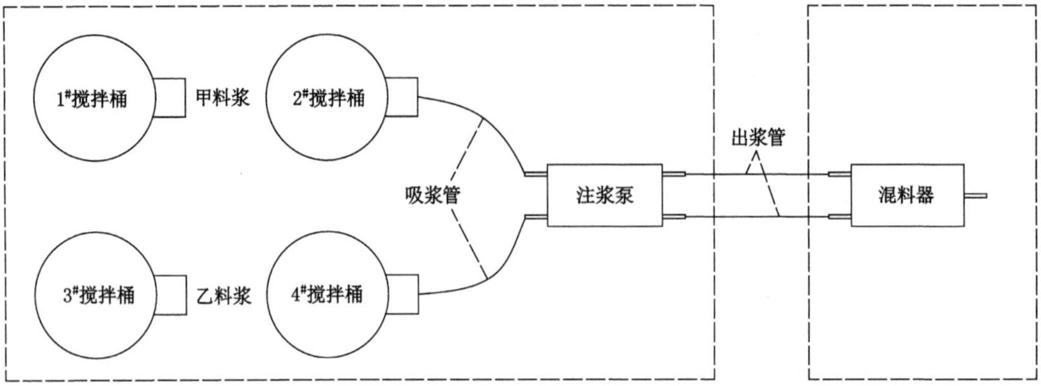

图 6-19　注浆设备配置示意图

⑧ 泵站点施工

a. 运料。卸料工将当天所需甲料浆、乙料浆从矿车中搬运到各自的存放处，避免混放。

b. 制浆。甲料浆、乙料浆分别置于 1#、2# 搅拌桶和 3#、4# 搅拌桶中搅拌。当 1#、3# 搅拌桶给泵供料浆时，2#、4# 搅拌桶应加水上料并搅拌。而当 2#、4# 搅拌桶给泵供料浆时，1#、3# 搅拌桶开始加水上料搅拌。两对搅拌桶交替工作，直到完成注浆工作。

c. 泵站点堆料平台应能放置两天使用的注浆材料。为使材料能保持干燥，平台应铺垫木板。若顶板淋水，要挂防水塑料布。四种材料不能混放，应分别堆放，实行挂牌管理。

d. 泵站点严禁停水停电。

e. 泵站点用 2 英寸钢管供水，供水能力不低于 14 m^3/h，以及时给搅拌桶加水，保证注浆工作连续进行。

f. 泵站点供电电压 380/660 V。

g. 泵站点要有专人负责看守，以避免设备零件损坏丢失。

h. 泵站点与注浆点间要设立电话信号联系。

i. 高水充填材料在使用时，必须将料倒净。

j. 高水充填材料的搅拌时间不应少于 4 min。

⑨ 注浆点施工

a. 钻孔：采用风动凿岩机或风煤钻钻孔，直径 42 mm。施工前，按注浆孔的设计间排距标出孔位，再按设计孔深钻出注浆孔，并清洗干净。注浆孔施工要求较高，须安排专人施工，一般安排 2～3 人。

b. 封孔：为满足注浆管的承压要求，现场安装注浆管时，采用树脂锚固剂和麻绳封孔。

c. 注浆：封孔 40 min 后可进行注浆。为了防止窜浆，坚持隔排打眼、隔排注浆，先注帮孔后注顶孔、先注浅孔后注深孔。

6.2.3.2 全断面高预应力锚索支护技术

(1) 巷道两帮及顶板支护

锚网支护设计方案：采用锚杆锚索联合支护方式，如图 6-20 所示。

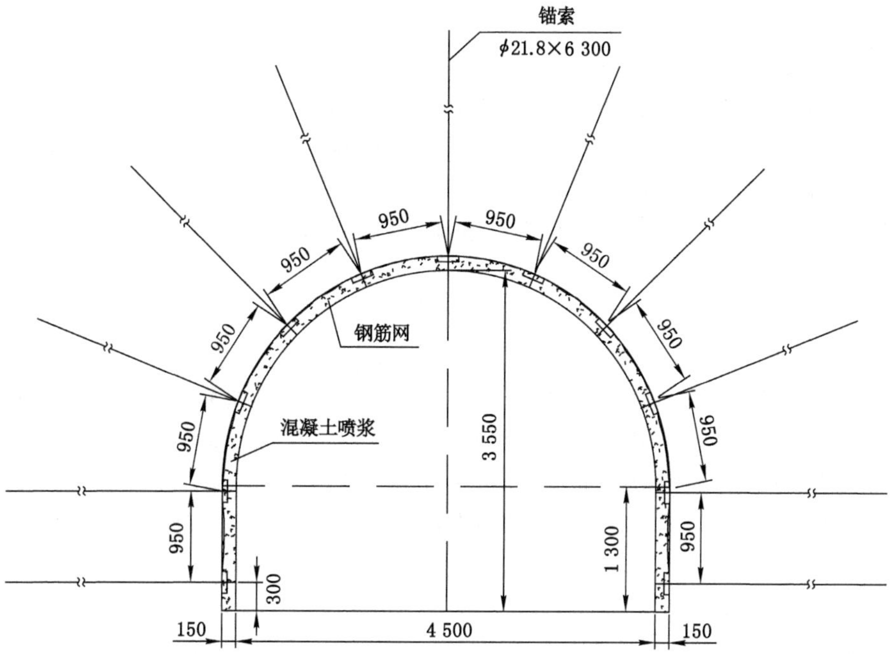

图 6-20 运输下山锚网索支护布置图

① 锚杆设计方案

锚杆布置：锚杆排距 1 000 mm，间距 900 mm，矩形排列。注：下山顶部中间必须打设锚杆，然后向两边按 900 mm 间距进行打设。

锚杆材料：螺纹钢锚杆，杆体为左旋无纵筋螺纹钢筋，钢材为 400# 专用锚杆钢材。杆体公称直径 22 mm，长度 2.2 m。极限拉断载荷 179 kN，延伸率大于 18%。杆尾螺纹规格 M24，采用滚压加工工艺成型。

锚杆配件：螺纹钢锚杆采用拱形高强度托板，力学性能与锚杆杆体配套，强度必须大于配套锚杆杆体的破断强度。配合高强度球形垫和减阻尼龙垫圈，托板钢材强度不低于 235 MPa，高度不低于 36 mm，厚度不小于 10 mm，尺寸规格不小于 150 mm×150 mm×10 mm，承载力不低于锚杆尾部螺纹的极限拉断力。

钻孔：采用 ϕ28 mm 钻头钻孔。

锚杆钻孔角度及深度：锚杆钻孔垂直于巷道轮廓线布置，深度为 2 300 mm±30 mm。

锚固方式：采用 2 支树脂锚固剂加长锚固，一支规格为 K2335，一支规格为 Z2360。

经纬网规格：顶帮采用直径为 7.5 mm 的冷拔钢筋网护表，网孔规格为 80 mm×80 mm，网片规格为 2 000 mm×1 100 mm，铺网要连接巷道底板，网片距离底板不得大于 200 mm。采用 14# 铁丝连网，网片之间搭接长度不得小于 100 mm。

锚杆安装预紧：使用锚杆钻机安装锚杆、搅拌树脂锚固剂，锚杆预紧力矩不小于

300 N·m,但不能超过 450 N·m。

② 锚索设计方案

锚索布置:每排 5 根,矩形布置,锚索间距 1 700 mm,排距 2 000 mm。

锚索规格:采用 1×19 股钢绞线,直径 22 mm,锚索长度均为 6 300 mm,其中外露张拉长度 300 mm。

钻孔:采用 ϕ28 mm 钻头钻孔。

锚索孔角度及深度:锚索孔垂直于巷道轮廓线布置,孔深为 6 000 mm±30 mm。

锚索托板:采用 300 mm×300 mm×14 mm 高强度可调心托板及配套锁具,托板采用 Q235 钢材冲压而成,要求拱高大于 56 mm。

锚固方式:采用树脂加长锚固,每孔三支树脂锚固剂,一支规格为 K2335,另两支规格为 Z2360。

锚索预紧力:锚索预紧力大于 250 kN。

(2) 巷道底板加固

底板加固采用注浆孔预埋锚索的方式,使用自行研制的钻机施工。首先使用自行研制的钻机配 ϕ42 mm 螺旋钻杆和 ϕ44 mm 钻头打孔,孔深 5 000 mm。每排 3 个孔,孔间距为 1 800 mm,两边底板孔距两帮距离为 650 mm,孔排距为 2 000 mm。

底板注浆锚索形式和规格:采用鸟笼锚索,材料为 ϕ22 mm,1×19 股高强度低松弛预应力钢绞线,锚索长度为 5 300 mm,延伸率为 7%,配合高强度锁具和可调心托板。鸟笼锚索如图 6-21 和图 6-22 所示。

注浆锚索托板:配套规格为 300 mm×300 mm×14 mm 的高强度可调心托板及配套锁具,托板采用 Q235 钢板压制而成,要求拱部高度不小于 56 mm,承载能力大于 400 kN。

锚固方式:预制具有一定流动性的混凝土,灌入锚索孔底端,用塑料管捣实。

混凝土锚固 7 d 后,进行孔内注浆,注浆完毕 1 d 后进行张拉。

注浆材料:水泥浆、水泥-水玻璃双液浆。

注浆压力:孔口注浆压力为 4～6 MPa,根据现场情况进行调整。

注浆方式:埋孔口注浆管,孔内下射浆管,射浆管长度为 3.5 m,全长一次注浆。

钢筋托梁:采用 ϕ18 mm 螺纹钢焊接而成,托梁宽度为 210 mm,长度为 4 400 mm。

锚索角度:垂直于底板打设。

要求底板锚索初次张拉力达到 250 kN。

(3) 巷道底板预应力锚注加固的现场施工工艺

① 落底

对于新掘巷道,在掘进时按照设计断面要求超挖出底板锚注高度即可;而对于返修巷道,底板打钻孔前需要落底,落底高度为 250～300 mm。

② 打底板钻孔

使用自行研制的能够 360°旋转的钻机施工底板钻孔,底板钻孔需要成排钻进,钻好整排钻孔后再钻进下一排,这样有利于底板铺网、安装钢筋梁,并及时施加预紧力。

③ 安装锚索及止浆塞

将树脂锚固剂插入孔底,使用手持式锚杆钻机将安装好搅拌头的锚索进行搅拌,然后安装止浆塞及止退管,如图 6-23 所示。

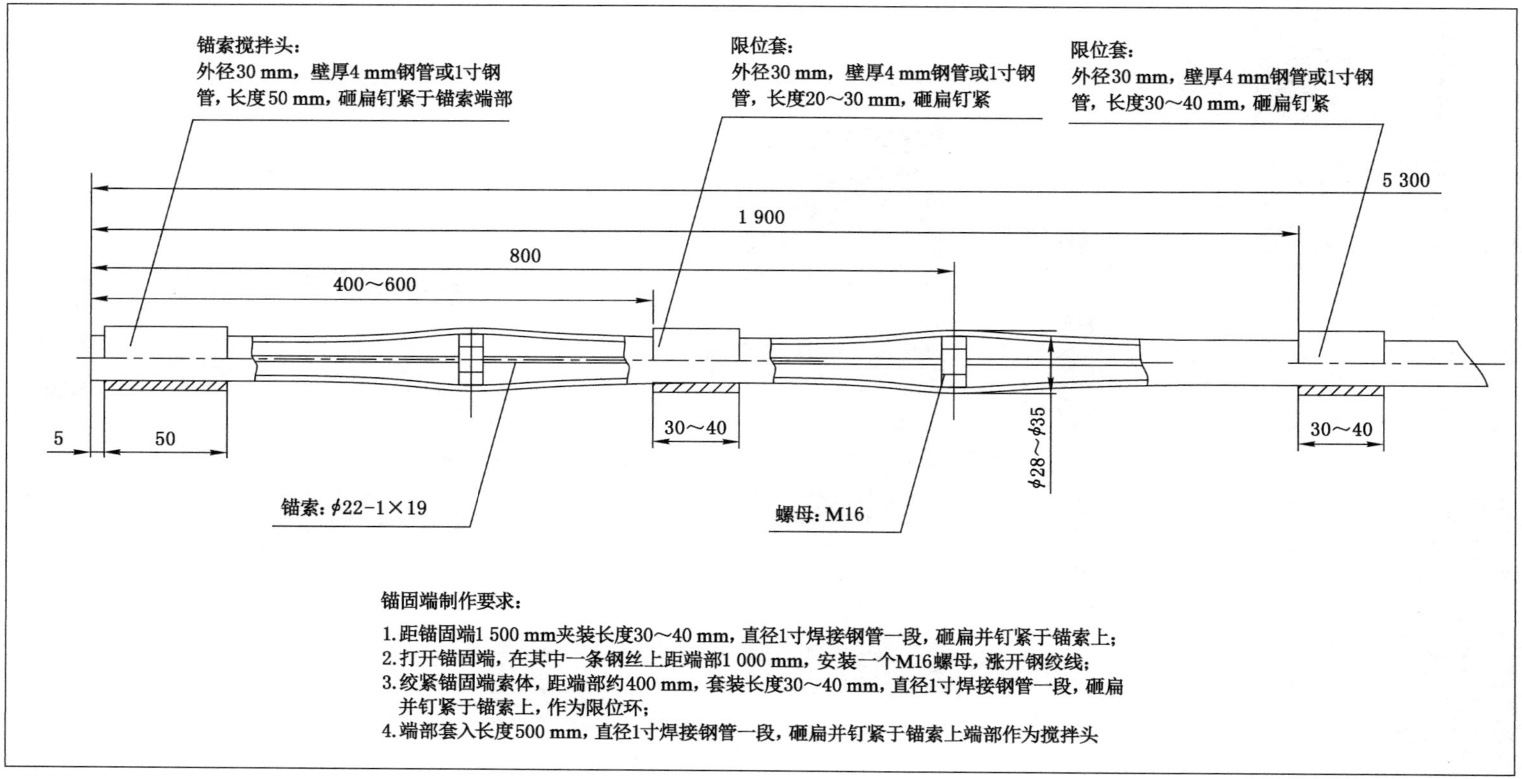

图6-21 鸟笼锚索加工图

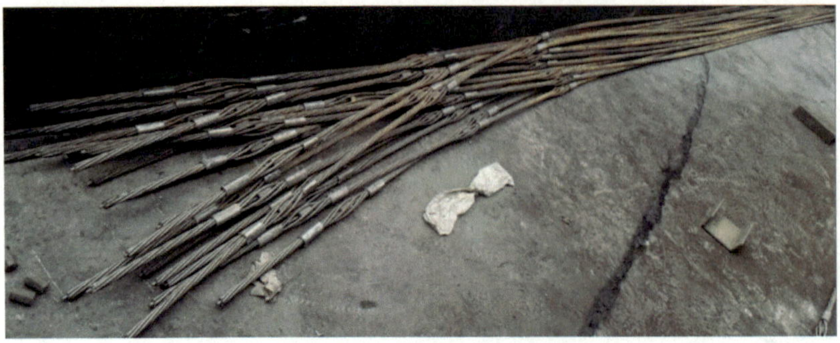

图 6-22 鸟笼锚索实物图

(a) 搅拌器

(b) 止浆塞及托板

图 6-23 底板锚固搅拌器及止浆塞、托板

④ 施加锚索预紧力

底板安装锚索构件及止浆塞后，使用风动锚索张拉器及时对锚索逐排逐个施加预紧力，如图 6-24 所示。施加预紧力的大小要符合设计要求。

图 6-24 底板锚索施加预紧力

⑤ 底板硬化

底板锚索整排施加预紧力后，为方便巷道使用，应及时将底板硬化。为提高注浆效率，底板锚索施工数排后进行集中注浆。利用 ZBQ50/6 型气动注浆泵高压注浆，注浆压力符合设计要求，但根据现场实际情况进行适当调整，如图 6-25 所示。

(a)

(b)

图 6-25 底板锚索注浆

6.3 近距离跨采工作面底板巷道矿压监测

矿压监测是动态信息设计方法的核心内容之一。通过测试锚杆受力和巷道围岩位移分布，就可比较全面地了解锚杆支护的工作状态，进而验证或修改锚杆支护初始设计，并保证巷道的安全状态。

6.3.1 矿压监测设备

KJ2317 型矿山压力监测系统是集国内外煤矿监测技术优势并结合我国煤矿现状而自主研发的多参量、自动化、信息化、智能化顶板监测系统，具有监测可靠、传输稳定、数据真实有效、操作使用方便、配置灵活、经济适用等特点，凭借尖端的物联网通信技术、数字信号监测技术及实时动态预警技术，为矿井工作面和巷道顶板动态监测信息可视化、智能化分析与日常动态管控提供科学依据。常用矿压监测设备如图 6-26 所示。

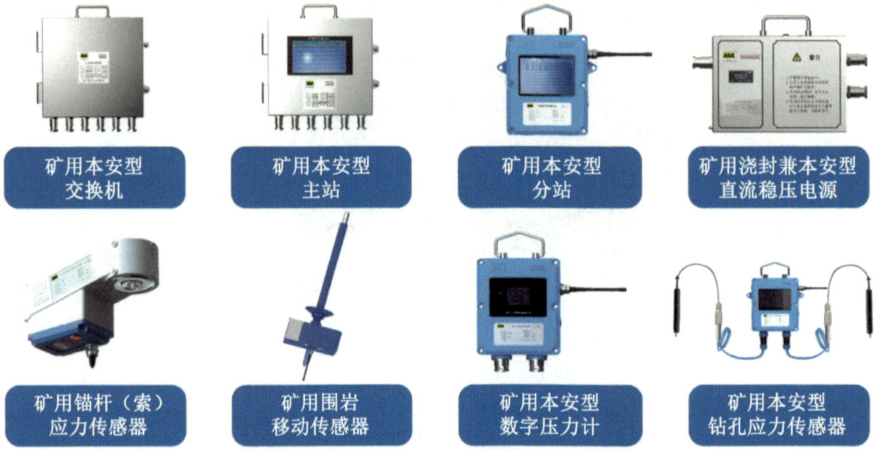

图 6-26　矿压监测设备

6.3.2　矿压监测目的

① 顶板离层监测：实时精准识别巷道顶板离层层位、离层量，及时掌握顶板离层量，强化巷道顶板质量管理；分析顶板离层数据时、空特性，判断顶板采动影响范围，实现顶板精准管理、科学管理。

② 围岩应力监测：在 11706 工作面回采过程中，工作面超前支承压力集中程度、距离等直接影响上山的稳定性。在三条上山内设置钻孔应力传感器监测支承压力和围岩应力，确定应力演化特征及围岩动态破坏范围，得到工作面推采过程中受采动影响下侧向支承压力的分布特征及采动扰动影响范围，了解回采期间采动影响对大巷稳定性的影响范围、大小；验证巷道支护的效果及保安煤柱留设的合理性。

6.3.3　矿压监测方案

(1) 顶板离层监测

在运输上山、轨道上山、回风上山内每 50 m 布置一个顶板离层监测测站，每条上山长度为 300 m。每个测站在巷道顶板正中安装 1 台矿用本安型顶板离层传感器监测顶板离层情况。在运输上山、轨道上山、回风上山内共布置 18 个测站，共需 18 台矿用本安型顶板离层传感器。顶板离层监测测站布置示意图如图 6-27 所示。

(2) 围岩应力监测

在运输上山、轨道上山、回风上山内应力扰动段进行围岩应力监测。在运输上山、轨道上山、回风上山内，每 50 m 设置 1 个测区，每个测区在帮部煤岩体中布置钻孔应力计对大巷保安煤柱内部应力进行监测。监测深度为 8 m/12 m，孔径为 42 mm，三条上山共安设 18 台矿用本安型数字压力传感器、36 个钻孔应力计、36 个专用压力转换件。同时采用锚杆测力

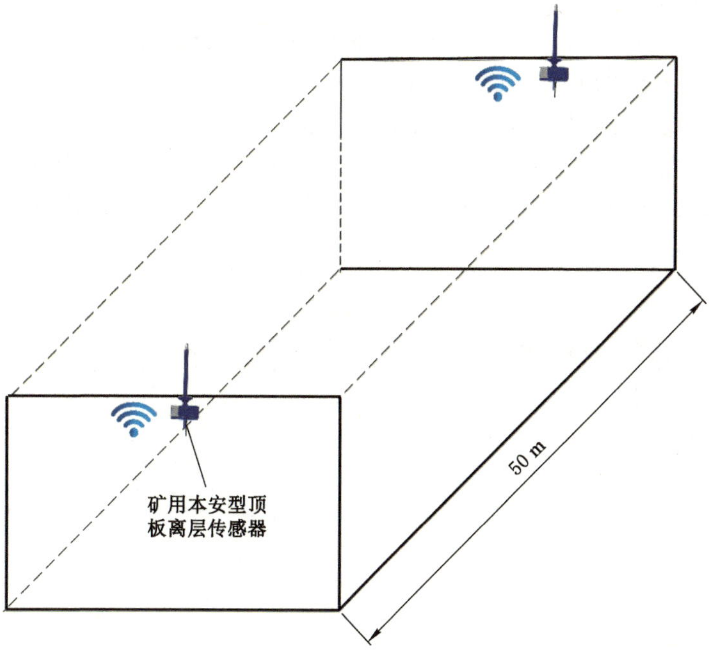

图 6-27 顶板离层监测测站布置示意图

计对巷道锚杆受力进行监测。围岩应力监测测站布置示意图如图 6-28 所示。

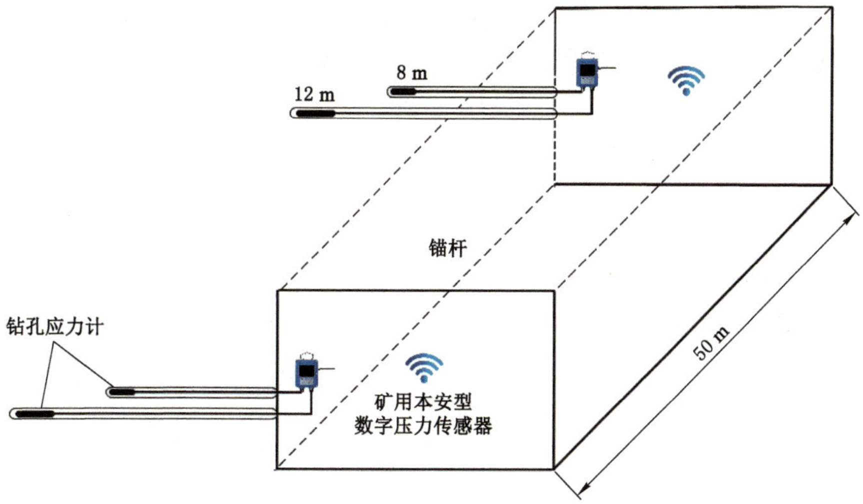

图 6-28 围岩应力监测测站布置示意图

6.3.4 矿压监测结果分析

(1) 围岩表面位移观测结果分析

巷道掘进过程中，在掘进迎头设置综合监测测站，围岩表面位移监测结果如图 6-29 所示，由监测曲线可看出：

① 巷道顶板下沉量最大值为 135 mm。顶板下沉量表现出初期变形量大且变形速度快的特点，该测点前 4 d 的顶板下沉量达 125 mm，为观测期间顶板下沉量的 92.6%。顶板在开挖后 3～5 d 内变形非常明显，5 d 之后基本稳定。

② 巷道底板在巷道开挖 2 d 后出现显著变形，监测期间累计底鼓量为 160 mm。

③ 两帮变形量较小，监测期间两帮移近量累计为 30 mm，其中左帮移近量为 20 mm，右帮移近量为 10 mm。

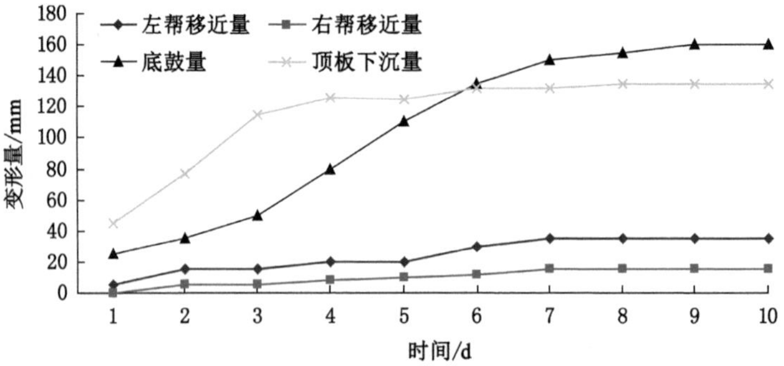

图 6-29　运输下山围岩表面位移监测结果

(2) 顶板离层观测结果分析

顶板离层监测结果(图 6-30)显示：在整个监测期间，巷道浅部离层量为 15 mm，深部离层量为 2 mm，总离层量为 17 mm。顶板离层以浅部离层为主，浅部离层量占总离层量的 88.2%。离层主要发生在巷道开挖后 5 d 之内，5 d 后离层趋于稳定。

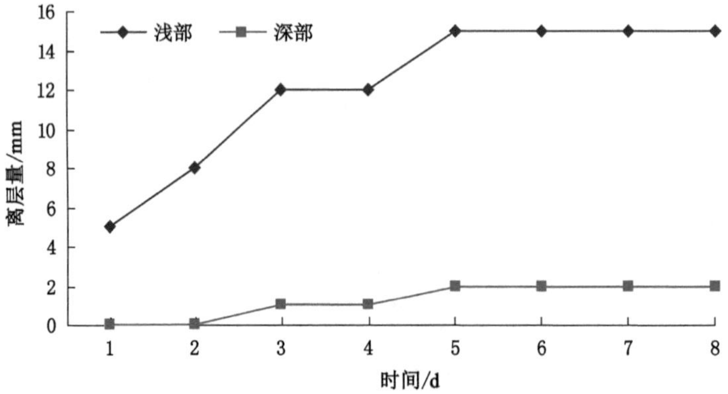

图 6-30　运输下山顶板离层监测结果

(3) 锚杆受力监测结果分析

采用钢弦式锚杆测力计对巷道锚杆受力及其变化情况进行监测。顶板锚杆从左至右进行编号，帮部锚杆从上到下进行编号。顶板锚杆、锚索受力监测结果如图 6-31 所示，两帮锚杆受力监测结果如图 6-32 所示。

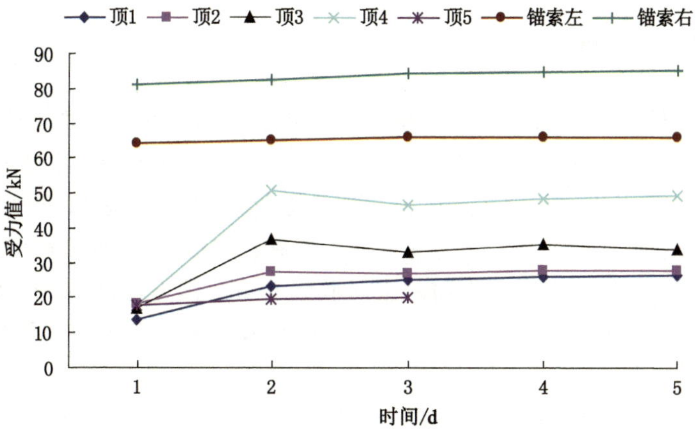

图 6-31 顶板锚杆、锚索受力监测结果

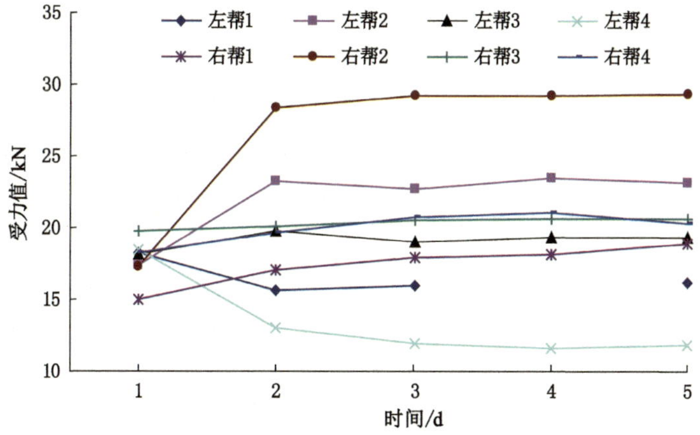

图 6-32 帮锚杆受力监测结果

由锚杆、锚索受力监测结果可以看出：

① 锚杆初始预紧力相对比较集中，一般为 18～20 kN，锚索初始张拉力为 60～80 kN。

② 从受力大小上看，巷道顶板靠中部的锚杆较顶板其他锚杆受力值大，帮部以上部第二根锚杆受力值最大。

③ 从受力变化情况来看，顶板锚杆“顶 3”“顶 4”受力变化幅度较大，分别增加 17.3 kN 和 31.9 kN，帮部锚杆“右帮 2”受力值增加 12 kN，“左帮 4”受力值降低 7.7 kN。其他锚杆受力变化幅度均较小。

④ 锚杆受力基本在巷道开挖后的第二天便趋于稳定，锚索自安装之后基本就处于稳定状态。由此可见，较高的初始预紧力能够加快巷道的稳定速度。

6.3 本章小结

(1) 吉源煤矿跨采工作面进风巷为双巷平行布置(11703 工作面进风巷与 11703 工作面运输巷平行布置),11703 工作面进风巷将留作 11705 工作面回风巷,其服务时间较长,且将受到 11703 工作面采动影响。在 11703 工作面推进阶段(第四阶段),应加强对 11703 工作面进风巷的围岩控制,制定合理可靠的巷道围岩控制技术措施,防范顶板事故发生。

(2) 提出了吉源煤矿 17 煤工作面跨采时底板巷道加固方案,即在 17 煤工作面推进至距上山巷道 20 m 位置时加强巷道矿压监测,针对巷道围岩变形出现非线性急剧增加的区域应及时补强支护。

(3) 湾田煤矿 1490 运输石门及 1537 轨道石门上部 11001 工作面跨巷调斜开采,形成了卸压区,对采动影响造成的巷道破碎区进行注浆加固,进一步对加固后的围岩进行高预应力全锚索强力支护,并进行了矿压监测。试验结果表明,湾田煤矿运输下山在上部工作面通过时破坏程度最高,顶板有明显下沉,工作面通过后保持了较好的支护效果,巷道稳定速度较快,持续变形得到有效控制。

参考文献

[1] ATKINSON J H, POTTS D M, SCHOFIELD A N. Centrifugal model tests on shallow tunnels in sand[J]. International journal of rock mechanics and mining sciences & geomechanics abstracts,1977.

[2] BAYOĞLU FLENER E, KAROUMI R. Dynamic testing of a soil-steel composite railway bridge[J]. Engineering structures,2009,31(12):2803-2811.

[3] BEBEN D. Numerical study of performance of soil-steel bridge during soil backfilling [J]. Structural engineering and mechanics,2012,42(4):571-587.

[4] BEBEN D. Experimental study on the dynamic impacts of service train loads on a corrugated steel plate culvert[J]. Journal of bridge engineering,2013,18(4):339-346.

[5] BEBEN D. Dynamic amplification factors of corrugated steel plate culverts[J]. Engineering structures,2013,46:193-204.

[6] BEBEN D. Corrugated steel plate culvert response to service train loads[J]. Journal of performance of constructed facilities,2014,28(2):376-390.

[7] CANBULAT I. Improved roadway roof support design for Anglo American Metallurgical Coal's underground operations[J]. Mining technology,2011,120(1):1-13.

[8] CARRANZA-TORRES C, RYSDAHL B, KASIM M. On the elastic analysis of a circular lined tunnel considering the delayed installation of the support[J]. International journal of rock mechanics and mining sciences,2013,61:57-85.

[9] CHEN B B,LIU C Y,WU F F. Optimization and practice for partition pressure relief of deep mining roadway using empty-hole and deep-hole blasting to weaken coal[J]. Geofluids,2021,2021(1):9335523.

[10] CHUNLIN LI C. A new energy-absorbing bolt for rock support in high stress rock masses[J]. International journal of rock mechanics and mining sciences,2010,47(3):396-404.

[11] CIRULIS M,CIRULIS M. Design and construction of railway snowfall protection structure on Baku-Tbilisi-Kars railway corridor[J]. Archiwum instytutu inżynierii ladowej,2017:81-90.

[12] DAVIS E H,GUNN M J,MAIR R J,et al. The stability of shallow tunnels and underground openings in cohesive material[J]. Géotechnique,1980,30(4):397-416.

[13] DU B S, MA L. Application of comprehensive reinforce technology in soft and

crumbly surrounding rock in high stress[J]. Advanced materials research,2011,393/394/395:608-613.

[14] EKLUND D, STILLE H. Penetrability due to filtration tendency of cement-based grouts[J]. Tunnelling and underground space technology,2008,23(4):389-398.

[15] ELSHIMI T M,MOORE I D. Modeling the effects of backfilling and soil compaction beside shallow buried pipes[J]. Journal of pipeline systems engineering and practice, 2013,4(4):04013004.

[16] FRALDI M,GUARRACINO F. Limit analysis of collapse mechanisms in cavities and tunnels according to the Hoek-Brown failure criterion[J]. International journal of rock mechanics and mining sciences,2009,46(4):665-673.

[17] FRALDI M, GUARRACINO F. Analytical solutions for collapse mechanisms in tunnels with arbitrary cross sections [J]. International journal of solids and structures,2010,47(2):216-223.

[18] FRALDI M,GUARRACINO F. Evaluation of impending collapse in circular tunnels by analytical and numerical approaches [J]. Tunnelling and underground space technology,2011,26(4):507-516.

[19] FRALDI M,GUARRACINO F. Limit analysis of progressive tunnel failure of tunnels in Hoek-Brown rock masses[J]. International journal of rock mechanics and mining sciences,2012,50:170-173.

[20] HAN H Y,FUKUDA D,LIU H Y,et al. Combined finite-discrete element modellings of rockbursts in tunnelling under high in-situ stresses [J]. Computers and geotechnics,2021,137:104261.

[21] HAN J,SHI L Q,YU X G,et al. Mechanism of mine water-inrush through a fault from the floor[J]. Mining science and technology (China),2009,19(3):276-281.

[22] HAN K H,JU J W,KONG H,et al. Functional catastrophe analysis of progressive failures for deep tunnel roof considering variable dilatancy angle and detaching velocity[J]. Rock mechanics and rock engineering,2019,52(10):3987-3997.

[23] HAN W W,LI S C,ZHANG Q S,et al. Experiment study on viscosity behavior and its temperature influence of cement silicate grouts [J]. Applied mechanics and materials,2012,256/257/258/259:153-156.

[24] HE M C. New theory in tunnel stablility control of soft rock:mechanics of soft rock engineering[J]. Journal of coal science and engineering(China),1996(1):39-44.

[25] HE M C,XU N X,YAO A J,et al. Theory of SCSTKP in soft rock roadway[J]. Journal of China University of Mining and Technology,2000(2):2-6.

[26] HU S C, ZHANG C X, RU W K, et al. Creep properties and energy evolution characteristics of weakly cemented rock under step loading[J]. International journal of rock mechanics and mining sciences,2023,170:105428.

[27] HUANG F, YANG X L. Upper bound limit analysis of collapse shape for circular tunnel subjected to pore pressure based on the Hoek-Brown failure criterion[J].

Tunnelling and underground space technology,2011,26(5):614-618.
[28] HURT K. New development in rock bolting [J]. Colliery guardian, 1994(7): 133-134.
[29] HUTCHINSON D J, FALMAGNE V. Observational design of underground cable bolt support systems utilizing instrumentation[J]. Bulletin of engineering geology and the environment,2000,58(3):227-241.
[30] ISLAM A, ABDULLAH R A, IBRAHIM I S, et al. Effect of stress ratio K due to varying overburden topography on crack intensity of tunnel liner[J]. Journal of performance of constructed facilities,2023,37(4):04023026.
[31] JIA B X, ZHOU L L, CUI J J, et al. Attenuation model of tunnel blast vibration velocity based on the influence of free surface [J]. Scientific reports, 2021, 11(1):21077.
[32] JING H W, XU G A, MA S Z. Numerical analysis on displacement law of discontinus rock mass in broken rock zone for deep roadway [J]. Journal of China University of Mining and Technology,2001,11(2):132-137.
[33] JU Y, WANG Y L, SU C S, et al. Numerical analysis of the dynamic evolution of mining-induced stresses and fractures in multilayered rock strata using continuum-based discrete element methods [J]. International journal of rock mechanics and mining sciences,2019,113:191-210.
[34] KIM M S, KIM J H, KIM S K, et al. Experimental investigation of structural response of corrugated steel sheet subjected to repeated impact loading: performance of LNG cargo containment system[J]. Applied sciences,2019,9(8):1558.
[35] KORUSIEWICZ L, KUNECKI B. Behaviour of the steel box-type culvert during backfilling[J]. Archives of civil and mechanical engineering,2011,11(3):637-650.
[36] LEE S, CHUN B, AHN B, et al. Dynamic behaviors of corrugated steel plate structures in open-cut tunnels[J]. Tunnelling and underground space technology, 2006,21(3/4):385.
[37] LI G, MA F S, GUO J, et al. Study on deformation failure mechanism and support technology of deep soft rock roadway[J]. Engineering geology,2020,264:105262.
[38] LI H, LIU W J, QIAO W G. Study on high prestressed anchor beam supporting optimization technology in deep roadway[J]. Applied mechanics and materials,2013, 353/354/355/356:1675-1679.
[39] LI S C, WANG M B. An elastic stress-displacement solution for a lined tunnel at great depth[J]. International journal of rock mechanics and mining sciences,2008, 45(4):486-494.
[40] LI X B, MA Z X, LIU G L, et al. Research on steel tube confined concrete supports support technology for soft rock roadway in coal bed washout[J]. Applied mechanics and materials,2011,121/122/123/124/125/126:3471-3476.
[41] LIU B, YUE Z Q, THAM L G. Analytical design method for a truss-bolt system for

reinforcement of fractured coal mine roofs: illustrated with a case study [J]. International journal of rock mechanics and mining sciences,2005,42(2):195-218.
[42] LIU B,ZHANG T,ZHANG H W,et al. Mechanical properties and acoustic emission characteristics of weakly cemented sandstone with different grain sizes[J]. Frontiers in earth science,2022,10:939372.
[43] LU A Z,ZHANG N,XU Y Q,et al. Stress-displacement solution for a lined vertical borehole due to non-axisymmetric in situ stresses[J]. International journal of rock mechanics and mining sciences,2013,57:64-74.
[44] MA R, LI G C, ZHANG N, et al. Analysis on mechanism and key factors of surrounding rock instability in deeply inclined roadway affected by argillation and water seepage[J]. International journal of mining science and technology, 2015, 25(3):465-471.
[45] MENG L D, HAN L J, MENG Q B, et al. Study on characteristic and energy of argillaceous weakly cemented rock under dynamic loading by Hopkinson bar experiment[J]. Energies,2020,13(12):3215.
[46] MENG Q B, HAN L J, SUN J W, et al. Experimental study on the bolt-cable combined supporting technology for the extraction roadways in weakly cemented strata[J]. International journal of mining science and technology, 2015, 25(1): 113-119.
[47] MITELMAN A,URLAINIS A. Investigation of transfer learning for tunnel support design[J]. Mathematics,2023,11(7):1623.
[48] QIN C B,CHIAN S C,YANG X L. 3D limit analysis of progressive collapse in partly weathered hoek-brown rock banks[J]. International journal of geomechanics,2017, 17(7):04017011.
[49] QIN C B, CHIAN S C. 2D and 3D stability analysis of tunnel roof collapse in stratified rock:a kinematic approach[J]. International journal of rock mechanics and mining sciences,2017,100:269-277.
[50] QIN C B,CHIAN S C. Revisiting crown stability of tunnels deeply buried in non-uniform rock surrounds[J]. Tunnelling and underground space technology,2018,73: 154-161.
[51] RABCEWICZ L V. Stability of tunnels under rock load [J]. Water power,1969, 21(8):297-302.
[52] REGIER C, MOORE I D, HOULT N A. Remaining strength of deteriorated corrugated steel culverts[J]. Journal of pipeline systems engineering and practice, 2018,9(2):04018002.
[53] ROY M P,MISHRA A K,AGRAWAL H,et al. Blast vibration dependence on total explosives weight in open-pit blasting[J]. Arabian journal of geosciences,2020, 13(13):531.
[54] SABANOV S,NIKITIN O,QURESHI A,et al. A case study to improve blasting

efficiency by the use of emulsion explosives[J]. Oil shale,2023,40(3):244-259.

[55] ŞAHMARAN M, ÖZKAN N,KESKIN S B,et al. Evaluation of natural zeolite as a viscosity-modifying agent for cement-based grouts[J]. Cement and concrete research, 2008,38(7):930-937.

[56] SEZEN H,YEAU K Y,FOX P J. In-situ load testing of corrugated steel pipe-arch culverts[J]. Journal of performance of constructed facilities,2008,22(4):245-252.

[57] SHEN D M,SI H,XIA J H,et al. A new model for the characterization of frozen soil and related latent heat effects for the improvement of ground freezing techniques and its experimental verification [J]. Fluid dynamics and materials processing, 2019, 15(1):63-76.

[58] STANKUS J C, PENG S S. A new concept for roof support [J]. Coal age,1996(9): 2-6.

[59] TAI Y,XIA H C,MENG X B,et al. Failure mechanism of the large-section roadway under mined zones in the ultra-thick coal seam and its control technology[J]. Energy science and engineering,2019,8(4):999-1014.

[60] TAKEMURA J,KIMURA T,WONG S F. Undrained stability of two-dimensional unlined tunnels in soft soil[J]. Doboku gakkai ronbunshu,1990,1990(418):267-277.

[61] WANG D L,JIANG Z Q. Characteristics of water inflow and chemical grouting treatment of a Liu Yuanzi Coal Mine shaft in the Ordos basin[J]. Mining science and technology (China),2010,20(4):607-610.

[62] WANG H T,LIU P,LIU C,et al. Three-dimensional upper bound limit analysis on the collapse of shallow soil tunnels considering roof stratification and pore water pressure[J]. Mathematical problems in engineering,2019,2019(1):8164702.

[63] WANG X P, WANG Z J, GUO C, et al. Application and prospect of new steel corrugated plate technology in infrastructure fields [J]. IOP conference series: materials science and engineering,2020,741(1):012099.

[64] YANG X L,HUANG F. Collapse mechanism of shallow tunnel based on nonlinear Hoek-Brown failure criterion [J]. Tunnelling and underground space technology, 2011,26(6):686-691.

[65] YANG X L, YAO C. Stability of tunnel roof in nonhomogeneous soils [J]. International journal of geomechanics,2018,18(3):06018002.

[66] YANG X L,ZHOU T,LI W T. Reliability analysis of tunnel roof in layered Hoek-Brown rock masses[J]. Computers and geotechnics,2018,104:302-309.

[67] YANG X X,QIAO W G. Numerical investigation of the shear behavior of granite materials containing discontinuous joints by utilizing the flat-joint model [J]. Computers and geotechnics,2018,104:69-80.

[68] YU C S,DING W Q,WU T X,et al. Study on calculation method of new corrugated steel reinforcement structure of highway tunnel[J]. IOP conference series: materials science and engineering,2020,741(1):012073.

[69] YUE F,LIU B W,ZHU B,et al. Shaking table investigations on seismic performance of prefabricated corrugated steel utility tunnels[J]. Tunnelling and underground space technology,2020,105:103579.

[70] ZENG X H,ZHANG X M,ZHOU X S,et al. Prediction of tunnel blasting vibration velocity considering the influence of free surface[J]. Applied sciences, 2023, 13(3):1373.

[71] ZHANG R,YANG X L. Limit analysis of active and passive mechanisms of shallow tunnels in nonassociative soil with changing water table[J]. International journal of geomechanics,2018,18(7):04018063.

[72] ZHANG W,ZHANG B L,ZHAO T B. Study on the law of failure acoustic-thermal signal of weakly cemented fractured rock with different dip angles[J]. Rock mechanics and rock engineering,2023,56(6):4557-4568.

[73] ZHANG W,ZHAO T B,ZHANG X T. Stability analysis and deformation control method of swelling soft rock roadway adjacent to chambers[J]. Geomechanics and geophysics for geo-energy and geo-resources,2023,9(1):91.

[74] ZHANG W. Study on failure mechanism and zoning control of weakly cemented roadway adjacent chambers[J]. KSCE journal of civil engineering, 2023, 27(11):4658-4671.

[75] ZHAO C X,LI Y M,LIU G,et al. Mechanism analysis and control technology of surrounding rock failure in deep soft rock roadway[J]. Engineering failure analysis, 2020,115:104611.

[76] ZHAO J P,TAN Z S,WANG X Y,et al. Engineering characteristics of water-bearing weakly cemented sandstone and dewatering technology in tunnel excavation[J]. Tunnelling and underground space technology,2022,121:104316.

[77] ZHAO L H, HU S H, YANG X P, et al. Limit variation analysis of shallow rectangular tunnels collapsing with double-layer rock mass based on a three-dimensional failure mechanism[J]. Journal of Central South University,2019,26(7):1794-1806.

[78] ZHOU K, YU F H, TAN Y L, et al. Study on failure behaviors and control technology of surrounding rock in a weakly cemented soft rock roadway:a case study[J]. Frontiers in earth science,2023,11:1153753.

[79] ZHU Y,HUA X Z,LI Y L,et al. Study on the effect of rock stratum structure on the stability of weakly cemented layered floor and the floor control measures:a case study of Meihuajing Mine[J]. Energy science and engineering,2023,11(7):2238-2252.

[80] 奥顿哥特. 巷道底臌的防治[M]. 王茂松,译. 北京:煤炭工业出版社,1985.

[81] 柏建彪,王襄禹,姚喆. 高应力软岩巷道耦合支护研究[J]. 中国矿业大学学报,2007,36(4):421-425.

[82] 柏建彪,王襄禹,贾明魁,等. 深部软岩巷道支护原理及应用[J]. 岩土工程学报,2008,30(5):632-635.

[83] 蔡金龙，涂敏，张华磊. 侏罗系弱胶结软岩回采巷道变形失稳机理及围岩控制技术研究[J]. 采矿与安全工程学报，2020，37(6)：1114-1122.

[84] 曾格华. 浅变质岩风化层边坡渐进破坏模式研究[D]. 武汉：武汉理工大学，2010.

[85] 曾中林，李亮，刘双墉，等. 矩形断面二维浅埋硐室顶部双层围岩塌落面上限分析[J]. 铁道科学与工程学报，2019，16(4)：984-991.

[86] 车鸿博，童立元，刘松玉，等. 预制装配式波纹钢综合管廊承载性能现场试验研究[J]. 东南大学学报(自然科学版)，2021，51(3)：426-434.

[87] 陈本龙. 如美水电站强风化、强卸荷高边坡稳定性研究[D]. 北京：清华大学，2013.

[88] 陈天黎，苏明周，王会萌. 土-钢共同作用下大跨度波纹钢板管廊结构局部屈曲分析[J]. 工程力学，2019，36(10)：202-211.

[89] 陈天黎. 管拱形波纹钢板综合管廊结构局部屈曲分析[D]. 西安：西安建筑科技大学，2020.

[90] 陈望祺，刘保东，刘瑞，等. 波纹钢板套衬解决隧道衬砌掉落病害的效果分析[J]. 隧道建设(中英文)，2018，38(增刊2)：384-388.

[91] 陈玉留，谭文明，吴天祥，等. 波纹钢在明洞中的应用及有限元分析[J]. 现代隧道技术，2018，55(增刊2)：1130-1138.

[92] 崔峰，贾冲，来兴平，等. 近距离强冲击倾向性煤层上行开采覆岩结构演化特征及其稳定性研究[J]. 岩石力学与工程学报，2020，39(3)：507-521.

[93] 第伟伟，翟武杰. 液压模板台车快速浇筑砼技术应用[J]. 内蒙古煤炭经济，2021(22)：186-188.

[94] 董方庭，宋宏伟，郭志宏，等. 巷道围岩松动圈支护理论[J]. 煤炭学报，1994，19(1)：21-32.

[95] 董方庭. 巷道围岩松动圈支护理论及应用技术[M]. 北京：煤炭工业出版社，2001.

[96] 董书宁，柳昭星，王皓. 厚基岩采场弱胶结岩层动力溃砂机制研究现状与展望[J]. 煤炭学报，2022，47(1)：274-285.

[97] 董宇，谢文兵，荆升国，等. 近距离煤层采空区下回采巷道高强稳定型支护技术[J]. 煤炭科学技术，2013，41(2)：19-23.

[98] 窦维禹，梁养辉，郭力源. 钢波纹板拱桥在淮北平原区的应用[J]. 公路交通科技(应用技术版)，2014，10(9)：201-204.

[99] 杜明启，范钢伟，张东升，等. 富水条件下弱胶结煤矸互层顶板巷道围岩控制技术研究[J]. 煤炭技术，2021，40(11)：7-11.

[100] 段克信. 用巷帮松裂爆破卸压维护软岩巷道[J]. 煤炭学报，1995，20(3)：311-316.

[101] 范子儀，李永亮，孙昊，等. 采动影响下弱胶结软岩巷道非对称变形特征与控制对策[J]. 采矿与岩层控制工程学报，2022，4(2)：44-53.

[102] 方新秋，郭敏江，吕志强. 近距离煤层群回采巷道失稳机制及其防治[J]. 岩石力学与工程学报，2009，28(10)：2059-2067.

[103] 方亚非，温学钧. 埋置式钢质波纹板管结构的有限元分析[J]. 城市道桥与防洪，2007(6)：120-123.

[104] 方祖烈. 拉压域特征及主次承载区的维护理论[C]//中国岩石力学与工程学会软岩工

程专业委员会,煤矿软岩工程技术研究推广中心. 世纪之交软岩工程技术现状与展望. 北京:煤炭工业出版社,1999:58-61.
[105] 冯豫. 我国软岩巷道支护的研究[J]. 矿山压力与顶板管理,1990,7(2):42-44,67.
[106] 冯志强,康红普,韩国强. 煤矿用无机盐改性聚氨酯注浆材料的研究[J]. 岩土工程学报,2013,35(8):1559-1564.
[107] 冯志秀,李大茂,袁从华,等. 考虑岩体强度演化的全强风化岩质边坡主动加固设计方法[J]. 水利与建筑工程学报,2017,15(2):124-127.
[108] 付兵先,郑青,邹文浩,等. 隧道波纹板套衬连接件承载力试验研究[J]. 铁道建筑,2019,59(6):47-50.
[109] 勾攀峰. 巷道锚杆支护提高围岩强度和稳定性的研究[D]. 徐州:中国矿业大学,1998.
[110] 谷文伟. 断层带巷道地面定向钻孔预注浆加固与巷道支护技术研究[D]. 淮南:安徽理工大学,2022.
[111] 关英斌,李海梅,路军臣. 显德汪煤矿 9 号煤层底板破坏规律的研究[J]. 煤炭学报,2003,28(2):121-125.
[112] 郭二斗. 针对煤矿巷道机械化掘进工艺的相关探讨[J]. 能源与节能,2023(1):98-100.
[113] 郭敏. 深大立井冻土爆破振动传播规律及其对井壁的影响研究[D]. 焦作:河南理工大学,2021.
[114] 郭志飚,李乾,王炯. 深部软岩巷道锚网索-桁架耦合支护技术及其工程应用[J]. 岩石力学与工程学报,2009,28(增 2):3914-3919.
[115] 韩立军,蒋斌松,贺永年. 构造复杂区域巷道控顶卸压原理与支护技术实践[J]. 岩石力学与工程学报,2005,24(增 2):5499-5504.
[116] 韩瑞庚. 地下工程新奥法[M]. 北京:科学出版社,1987.
[117] 郝育喜,王炯,袁越,等. 沙吉海煤矿弱胶结膨胀性软岩巷道大变形控制对策[J]. 采矿与安全工程学报,2016,33(4):684-691.
[118] 何满潮,邹正盛,邹友峰. 软岩巷道工程概论[M]. 徐州:中国矿业大学出版社,1993.
[119] 何满潮. 中国煤矿软岩巷道支护理论与实践[M]. 徐州:中国矿业大学出版社,1996.
[120] 何满潮. 世纪之交软岩工程技术现状与展望[M]. 北京:煤炭工业出版社,1999.
[121] 何满潮,景海河,孙晓明. 软岩工程力学[M]. 北京:科学出版社,2002.
[122] 何满潮,袁和生,靖洪文,等. 中国煤矿锚杆支护理论与实践[M]. 北京:科学出版社,2004.
[123] 何满潮,李晨,宫伟力,等. NPR 锚杆/索支护原理及大变形控制技术[J]. 岩石力学与工程学报,2016,35(8):1513-1529.
[124] 何卓名. 钻孔径向加压试验在强风化岩体勘察中的应用[J]. 广东水利水电,2021(7):81-86.
[125] 侯朝炯. 巷道金属支架[M]. 北京:煤炭工业出版社,1989.
[126] 侯朝炯,郭励生,勾攀峰,等. 煤巷锚杆支护[M]. 徐州:中国矿业大学出版社,1999.
[127] 侯朝炯,勾攀峰. 巷道锚杆支护围岩强度强化机理研究[J]. 岩石力学与工程学报,2000,19(3):342-345.

[128] 侯朝炯. 深部巷道围岩控制的有效途径[J]. 中国矿业大学学报,2017,46(3):467-473.

[129] 黄炳香,张农,靖洪文,等. 深井采动巷道围岩流变和结构失稳大变形理论[J]. 煤炭学报,2020,45(3):911-926.

[130] 纪洪广,蒋华,宋朝阳,等. 弱胶结砂岩遇水软化过程细观结构演化及断口形貌分析[J]. 煤炭学报,2018,43(4):993-999.

[131] 季明明,王璃,张金文,等. 钢制综合管廊连接用热浸镀锌螺栓螺母的性能分析[J]. 给水排水,2018,44(增刊):210-211.

[132] 贾晶玺. 浅埋富水隧洞围岩稳定性分析及施工措施研究[D]. 哈尔滨:黑龙江大学,2023.

[133] 姜鹏飞,康红普,张剑,等. 近距煤层群开采在不同宽度煤柱中的传力机制[J]. 采矿与安全工程学报,2011,28(3):345-349.

[134] 姜鹏飞,康红普,王志根,等. 千米深井软岩大巷围岩锚架充协同控制原理、技术及应用[J]. 煤炭学报,2020,45(3):1020-1035.

[135] 姜耀东,陆士良. 巷道底臌机理的研究[J]. 煤炭学报,1994,19(4):343-351.

[136] 姜耀东,赵毅鑫,刘文岗,等. 深部开采中巷道底鼓问题的研究[J]. 岩石力学与工程学报,2004,23(14):2396-2401.

[137] 姜耀东,王宏伟,赵毅鑫,等. 极软岩回采巷道互补控制支护技术研究[J]. 岩石力学与工程学报,2009,28(12):2383-2390.

[138] 经纬,郭瑞,杨仁树,等. 考虑岩石流变及应变软化的深部巷道围岩变形理论分析[J]. 采矿与安全工程学报,2021,38(3):538-546.

[139] 荆升国,谢文兵,孙其飞,等. 重复跨采条件下巷道耦合支护技术研究[J]. 煤炭工程,2008(12):69-71.

[140] 荆升国,谢文兵,王涛,等. 动压软岩巷道 U 型钢-锚索协同支护技术研究与应用[J]. 中国煤炭,2009,35(1):42-44.

[141] 靖洪文,宋宏伟,郭志宏. 软岩巷道围岩松动圈变形机理及控制技术研究[J]. 中国矿业大学学报,1999,28(6):560-564.

[142] 靖洪文,孟庆彬,朱俊福,等. 深部巷道围岩松动圈稳定控制理论与技术进展[J]. 采矿与安全工程学报,2020,37(3):429-442.

[143] 靖洪文,尹乾,朱栋,等. 深部巷道围岩锚固结构失稳破坏全过程试验研究[J]. 煤炭学报,2020,45(3):889-901.

[144] 鞠明和,朱涵,窦林名,等. 局部震动诱发煤体非稳态裂纹扩展及其冲击显现特征[J]. 煤炭学报,2023,48(5):2035-2048.

[145] 康红普. 邻近开巷卸压法维护软岩大断面峒室的研究与实践[J]. 岩石力学与工程学报,1993,12(1):20-27.

[146] 康红普,王金华,等. 煤巷锚杆支护理论与成套技术[M]. 北京:煤炭工业出版社,2007.

[147] 康红普,王金华,林健. 煤矿巷道锚杆支护应用实例分析[J]. 岩石力学与工程学报,2010,29(4):649-664.

[148] 康红普，徐刚，王彪谋，等. 我国煤炭开采与岩层控制技术发展 40 a 及展望[J]. 采矿与岩层控制工程学报，2019，1(2)：7-39.

[149] 康红普，姜鹏飞，黄炳香，等. 煤矿千米深井巷道围岩支护-改性-卸压协同控制技术[J]. 煤炭学报，2020，45(3)：845-864.

[150] 康红普，姜鹏飞，杨建威，等. 煤矿千米深井巷道松软煤体高压锚注-喷浆协同控制技术[J]. 煤炭学报，2021，46(3)：747-762.

[151] 康红普，姜鹏飞，高富强，等. 掘进工作面围岩稳定性分析及快速成巷技术途径[J]. 煤炭学报，2021，46(7)：2023-2045.

[152] 康红普. 我国煤矿巷道围岩控制技术发展 70 年及展望[J]. 岩石力学与工程学报，2021，40(1)：1-30.

[153] 康红普，姜鹏飞，刘畅，等. 煤巷锚杆支护施工装备现状及发展趋势[J]. 工矿自动化，2023，49(1)：1-18.

[154] 康红普，伊康. 深部软岩巷道围岩扩容与流变特性模拟研究及应用[J]. 煤炭学报，2023，48(1)：15-33.

[155] 康永水，耿志，刘泉声，等. 我国软岩大变形灾害控制技术与方法研究进展[J]. 岩土力学，2022，43(8)：2035-2059.

[156] 蓝航，杜涛涛，彭永伟，等. 浅埋深回采工作面冲击地压发生机理及防治[J]. 煤炭学报，2012，37(10)：1618-1623.

[157] 雷振，黄永辉，陈文梦，等. 爆炸冲击荷载下扩腔体积和能耗随抵抗线的变化规律研究[J]. 振动与冲击，2021，40(4)：66-71.

[158] 李奥，张顶立，黄俊，等. 软弱破碎围岩深埋隧道拱顶渐进性塌方机理及控制[J]. 工程科学与技术，2022，54(6)：85-96.

[159] 李大鹏，黄俊. 装配式钢管混凝土绿色隧道探讨[J]. 现代交通技术，2017，14(2)：50-53.

[160] 李干. 深埋薄层板岩隧道变形机理及高预紧恒阻锚索控制技术研究[D]. 北京：中国矿业大学(北京)，2019.

[161] 李桂臣. 软弱夹层顶板巷道围岩稳定与安全控制研究[D]. 徐州：中国矿业大学，2008.

[162] 李桂臣，杨森，孙元田，等. 复杂条件下巷道围岩控制技术研究进展[J]. 煤炭科学技术，2022，50(6)：29-45.

[163] 李回贵，李化敏，许国胜. 含水率对弱胶结砂岩力学特征的影响规律[J]. 采矿与岩层控制工程学报，2021，3(4)：60-66.

[164] 李家卓，张继兵，侯俊领，等. 动压巷道多次扰动失稳机理及开采顺序优化研究[J]. 采矿与安全工程学报，2015，32(3)：439-445.

[165] 李建旺. 铁路隧道拱顶波纹板加固专项施工技术分析[J]. 工程机械与维修，2020(6)：72-73.

[166] 李利平，李术才，崔金声. 岩溶突水治理浆材的试验研究[J]. 岩土力学，2009，30(12)：3642-3648.

[167] 李心强，于楠，信延垒. 双组分聚氨酯树脂在煤矿注浆中的应用[J]. 聚氨酯工业，2012，27(4)：31-34.

[168] 李学彬,曲广龙,杨春满,等.弱胶结巷道新型聚合物喷层材料及其喷射支护技术研究[J].采矿与安全工程学报,2019,36(1):95-102.
[169] 李学华,杨宏敏,刘汉喜,等.动压软岩巷道锚注加固机理与应用研究[J].采矿与安全工程学报,2006,23(2):159-163.
[170] 李勇,符锌砂,李百建.波纹钢板综合管廊施工期力学性能研究[J].中外公路,2019,39(1):190-195.
[171] 李勇.波纹钢内衬加固钢筋混凝土管涵与盖板涵的力学性能试验研究[D].广州:华南理工大学,2019.
[172] 历建林,杜涛涛.坚硬顶板条件掘进期间多因素诱发冲击地压分析[J].煤矿开采,2016(6):71-73,53.
[173] 林崇德.层状岩石顶板破坏机理数值模拟过程分析[J].岩石力学与工程学报,1999,18(4):392-396.
[174] 林峰.煤层底板应力分布的相似材料模拟分析[J].淮南矿业学院学报,1990,10(3):19-27.
[175] 刘刚,龙景奎,刘学强,等.巷道稳定的协同学原理及应用技术[J].煤炭学报,2012,37(12):1975-1981.
[176] 刘高,聂德新,韩文峰.高应力软岩巷道围岩变形破坏研究[J].岩石力学与工程学报,2000,19(6):726-730.
[177] 刘海峰.整体式衬砌模板台车在矿山斜井套壁施工中的应用[J].山东煤炭科技,2017(12):26-27,30.
[178] 刘红岗,贺永年,韩立军,等.深井煤巷卸压孔与锚网联合支护的模拟与实践[J].采矿与安全工程学报,2006,23(3):258-263.
[179] 刘坤,黄其文,孙成磊,等.易崩解弱胶结软岩巷道失稳机理及控制技术[J].煤炭科学技术,2020,48(增刊2):17-23.
[180] 刘学生,武允昊,谭云亮,等.深部高水平应力巷道倾斜锚杆破断机制及加强支护时机[J].煤炭学报,2023,48(2):609-622.
[181] 刘彦伟,程远平,李国富.高性能注浆材料研究与围岩改性试验[J].采矿与安全工程学报,2012,29(6):821-826.
[182] 刘智育,孟中朝,陈君,等.液压模板台车端头封堵装置:CN212202071U[P].2020-12-22.
[183] 柳跃财,高祥,黄玉兵.液压模板台车在深部矿井巷道支护中的应用[J].建井技术,2021,42(2):58-61.
[184] 陆家梁.软岩巷道支护技术[M].长春:吉林科学技术出版社,1995.
[185] 路阳,何小芳,吴永豪,等.煤矿井下新型水泥基注浆材料的应用研究进展[J].硅酸盐通报,2014,33(1):97-102.
[186] 吕高乐.波纹钢板在隧道明洞结构中的应用研究[J].隧道建设(中英文),2018,38(增刊2):46-52.
[187] 吕秀江.煤巷掘进影响区动态应力响应及对动力灾害影响研究[D].北京:中国矿业大学(北京),2014.

[188] 马斌,方运买,娄培杰,等.弱胶结软岩巷道高分子改性树脂注浆加固技术研究[J].中国安全生产科学技术,2020,16(10):78-82.
[189] 马成甫,张涛,赵鑫,等.受采动影响弱胶结软岩临近巷道底鼓机理及控制研究[J].煤炭技术,2023,42(3):64-68.
[190] 马慧君,田四明,付兵先,等.波纹管(板)在铁路工程中的技术应用与发展[J].中国铁路,2019(1):91-101.
[191] 马念杰,侯朝炯.采准巷道矿压理论及应用[M].北京:煤炭工业出版社,1995.
[192] 麦华山.原位直剪试验在某核电厂强风化岩体强度参数研究中的应用[J].工程技术研究,2021,6(17):21-22.
[193] 孟庆彬,王杰,韩立军,等.极弱胶结岩石物理力学特性及本构模型研究[J].岩土力学,2020,41(增刊1):19-29.
[194] 潘俊锋.冲击地压的冲击启动机理及其应用[D].北京:煤炭科学研究总院,2016.
[195] 潘卫东,刘家敦,魏立科.工作面跨巷道开采的安全岩柱厚度与加强支护技术[J].煤炭学报,2013,38(4):580-586.
[196] 潘一山,章梦涛.冲击地压失稳理论的解析分析[J].岩石力学与工程学报,1996,15(增刊):504-510.
[197] 浦海,倪宏阳,肖成.基于格子 Boltzmann 理论的弱胶结裂隙岩体水沙两相流特性[J].煤炭学报,2017,42(1):162-168.
[198] 钱鸣高,石平五.矿山压力与岩层控制[M].徐州:中国矿业大学,2003.
[199] 乔卫国,韦九洲,林登阁,等.侏罗白垩纪极弱胶结软岩巷道变形破坏机理分析[J].山东科技大学学报(自然科学版),2013,32(4):1-6.
[200] 秦二涛,李夕兵,何忠国,等.深部高应力下不同巷道掘进速率对围岩稳定性的影响[J].矿冶工程,2011,31(6):17-20.
[201] 秦广鹏,蒋金泉,孙森,等.大变形软岩顶底板煤巷锚网索联合支护研究[J].采矿与安全工程学报,2012,29(2):209-214.
[202] 秦忠诚,王同旭.深井孤岛综放面支承压力分布及其在底板中的传递规律[J].岩石力学与工程学报,2004,23(7):1127-1131.
[203] 任天宇,刘树亚,柳献.波纹钢板加固盾构隧道衬砌管片抗弯性能试验研究[J].隧道建设(中英文),2019,39(2):317-323.
[204] 宋朝阳,纪洪广,刘阳军,等.弱胶结围岩条件下邻近巷道掘进扰动影响因素[J].采矿与安全工程学报,2016,33(5):806-812.
[205] 宋宏伟,郭志宏,周荣章,等.围岩松动圈巷道支护理论的基本观点[J].建井技术,1994(4/5):3-9.
[206] 宋振骐.实用矿山压力控制[M].徐州:中国矿业大学出版社,1988.
[207] 孙会彬,李术才,王琦,等.大断面隧道装配式约束混凝土施工体系研究与应用[J].中国公路学报,2018,31(10):320-327.
[208] 孙会彬.大断面隧道装配式约束混凝土支护稳定承载机制及关键技术研究[D].济南:山东大学,2019.
[209] 孙利辉.西部弱胶结地层大采高工作面覆岩结构演化与矿压活动规律研究[J].岩石

力学与工程学报,2017,36(7):1820.

[210] 孙晓明,何满潮.深部开采软岩巷道耦合支护数值模拟研究[J].中国矿业大学学报,2005,34(2):166-169.

[211] 谭云亮,于凤海,马成甫,等.弱胶结软岩煤巷锚杆索-围岩变形协同控制方法研究[J].煤炭科学技术,2021,49(1):198-207.

[212] 唐孟雄.采面底板应力计算及应用[J].湘潭矿业学院学报,1990,5(2):119-124.

[213] 唐苗.非圆形隧道围岩压力拱研究[D].贵阳:贵州大学,2018.

[214] 唐雪峰.原位直剪试验测试强风化岩体强度参数的数值模拟[J].福建建设科技,2019(2):44-48.

[215] 陶志刚,罗森林,李梦楠,等.层状板岩隧道大变形控制参数优化数值模拟分析及现场试验[J].岩石力学与工程学报,2020,39(3):491-506.

[216] 田磊,谢文兵,荆升国,等.综放跨采巷道棚-索耦合协同支护技术[J].煤炭科学技术,2011,39(11):44-47.

[217] 田维江.贵州晚二叠世各煤田含煤性分析[J].中国煤炭地质,2008,20(4):21-23,29.

[218] 王步康.煤矿巷道掘进技术与装备的现状及趋势分析[J].煤炭科学技术,2020,48(11):1-11.

[219] 王恩,谢生荣,陈冬冬,等.剧烈采动影响煤巷围岩偏应力分布规律与控制[J].采矿与安全工程学报,2021,38(2):276-285,294.

[220] 王怀正,宋战平,张学文,等.富水弱胶结地层大断面隧道施工方案优化与工程应用研究[J].现代隧道技术,2022,59(2):210-219.

[221] 王金安,张基伟,高小明,等.大倾角厚煤层长壁综放开采基本顶破断模式及演化过程(Ⅰ):初次破断[J].煤炭学报,2015,40(6):1353-1360.

[222] 王金华.全煤巷道锚杆锚索联合支护机理与效果分析[J].煤炭学报,2012,37(1):1-7.

[223] 王连国,李明远,王学知.深部高应力极软岩巷道锚注支护技术研究[J].岩石力学与工程学报,2005,24(16):2889-2893.

[224] 王洛锋,姜福兴,于正兴.深部强冲击厚煤层开采上、下解放层卸压效果相似模拟试验研究[J].岩土工程学报,2009,31(3):442-446.

[225] 王茂春,王玉荣,王都郡.贵州煤炭资源富集区循环经济工业园建设模式研究[J].环境科学与管理,2015,40(7):172-175.

[226] 王茂盛.赵庄矿深部大断面复合顶板煤巷变形破坏机理与控制对策[D].北京:中国矿业大学(北京),2019.

[227] 王鹏鸣.立井冻结段及特殊地层爆破技术研究[D].淮南:安徽理工大学,2013.

[228] 王平,冯涛,蒋运良,等.软弱再生顶板巷道围岩失稳机理及其控制原理与技术[J].煤炭学报,2019,44(10):2953-2965.

[229] 王平,冯涛,朱永建,等.深部软岩巷道围岩塑性区演化规律及其控制[J].湖南科技大学学报(自然科学版),2019,34(2):1-10.

[230] 王琦,许硕,江贝,等.地下工程约束混凝土支护理论与技术研究进展[J].煤炭学报,2020,45(8):2760-2776.

[231] 王卫军,冯涛,侯朝炯,等.沿空掘巷实体煤帮应力分布与围岩损伤关系分析[J].岩石力学与工程学报,2002,21(11):1590-1593.
[232] 王卫军,张鹏,彭文庆,等.锚杆注浆联合支护大断面煤仓硐室围岩变形分析[J].湖南科技大学学报(自然科学版),2008,23(4):6-9.
[233] 王卫军,彭刚,黄俊.高应力极软破碎岩层巷道高强度耦合支护技术研究[J].煤炭学报,2011,36(2):223-228.
[234] 王襄禹.高应力软岩巷道有控卸压与蠕变控制研究[D].徐州:中国矿业大学,2008.
[235] 王延宁.深部巷道围岩应变软化机理与稳定性控制研究[D].徐州:中国矿业大学,2018.
[236] 王迎超.山岭隧道塌方机制及防灾方法[D].杭州:浙江大学,2010.
[237] 王羽扬,刘勇,王沉,等.高应力大变形软岩巷道"三壳"围岩控制机理及应用[J].中国安全生产科学技术,2019,15(7):100-106.
[238] 吴拥政.强动压下回采巷道高预紧力强力锚杆支护技术[J].煤炭科学技术,2010,38(3):12-14.
[239] 吴拥政,付玉凯,何杰,等.深部冲击地压巷道"卸压-支护-防护" 协同防控原理与技术[J].煤炭学报,2021,46(1):132-144.
[240] 谢生荣,王恩,陈冬冬,等.深部强采动大断面煤巷围岩外锚-内卸协同控制技术[J].煤炭学报,2022,47(5):1946-1957.
[241] 谢文兵.软岩硐室失稳和锚注加固机理的研究[D].徐州:中国矿业大学,1998.
[242] 谢秀松,王磊.梯形板弯曲问题的康托洛维奇解[J].应用数学和力学,1984,5(3):399-409.
[243] 邢心魁,张家文,滕德涛,等.不同支护应力下土质隧道压力拱分布规律试验研究[J].地下空间与工程学报,2014,10(4):789-793.
[244] 徐家昕.地铁隧道盾构法施工风险控制研究[D].武汉:武汉工程大学,2020.
[245] 徐胜利.高寒地区高速铁路隧道衬砌病害整治技术研究[J].高速铁路技术,2018,9(5):17-22.
[246] 徐锁庚.国内外掘锚机组的现状及发展趋势[J].煤矿机械,2006,27(10):3-5.
[247] 徐佑林,张辉.动压影响下的软岩巷道加固治理技术研究[J].煤炭科学技术,2018,46(1):68-73,111.
[248] 徐芝纶.弹性力学[M].4 版.北京:高等教育出版社,2006.
[249] 闫小卫.高应力软岩巷道大变形机理及返修支护技术研究[J].工矿自动化,2021,47(6):116-123.
[250] 严若明,周光裕,唐金,等.浅埋隧道塌方机理上限分析[J].铁道科学与工程学报,2014,11(5):96-99.
[251] 杨峰,王连国,贺安民,等.复合顶板的破坏机理与锚杆支护技术[J].采矿与安全工程学报,2008,25(3):286-289.
[252] 杨峰,阳军生.浅埋隧道围岩压力确定的极限分析方法[J].工程力学,2008,25(7):179-184.
[253] 杨峰.高应力软岩巷道变形破坏特征及让压支护机理研究[D].徐州:中国矿业大

学,2009.
[254] 杨景华. 反底拱与砌碹联合支护技术在马城铁矿富水软弱破碎围岩掘进工程中的研究与应用[J]. 矿业工程,2022,20(3):35-37.
[255] 杨磊,王晓卿,李建忠. 不同冲击倾向性煤单轴压缩下能量演化与损伤特征[J]. 煤炭科学技术,2021,49(6):111-118.
[256] 杨仁树,李永亮,郭东明,等. 深部高应力软岩巷道变形破坏原因及支护技术[J]. 采矿与安全工程学报,2017,34(6):1035-1041.
[257] 杨万宏. 当前形势下贵州煤炭产业结构的优化升级[J]. 中国煤炭工业,2009(4):48-49.
[258] 杨秀仁. 明挖地铁车站预制装配结构理论与实践[D]. 北京:北京交通大学,2020.
[259] 杨永良,崔道品,李雅阁. 控制巷道变形的卸压爆破法[J]. 矿山压力与顶板管理,2005,22(1):33-35.
[260] 姚国圣,李镜培,谷拴成. 考虑岩体扩容和塑性软化的软岩巷道变形解析[J]. 岩土力学,2009,30(2):463-467.
[261] 叶子健,刘德华,宋延旭. 波纹钢板加固隧道衬砌的应用研究:某隧道工程实例分析[J]. 北京建筑大学学报,2020,36(4):71-78.
[262] 尹鹤峰,王宏,朱宏新. 利用空间弹性理论分析和计算采动影响下的底板应力分布[J]. 阜新矿业学院学报(自然科学版),1992,11(1):19-24.
[263] 尹尚先,孟浩鹏,钱双彬. 考虑围岩应变软化及采空区接触的深部煤层底板破坏分析[J]. 煤田地质与勘探,2022,50(5):95-102.
[264] 于学馥,乔端. 轴变论和围岩稳定轴比三规律[J]. 有色金属,1981,33(3):8-15.
[265] 余伟健,李可,刘泽,等. 煤巷弱胶结顶板稳定性分析与变形控制技术[J]. 岩土力学,2022,43(增刊2):382-391.
[266] 袁亮,薛俊华,刘泉声,等. 煤矿深部岩巷围岩控制理论与支护技术[J]. 煤炭学报,2011,36(4):535-543.
[267] 臧培刚,田宗保,刘晓亭,等. 斜井施工栈桥式全闭环整体液压模板台车:CN209942838U[P]. 2020-01-14.
[268] 占有志. 地铁暗挖区间装配式二衬结构施工技术[J]. 国防交通工程与技术,2019,17(3):46-50.
[269] 张百胜. 极近距离煤层开采围岩控制理论及技术研究[D]. 太原:太原理工大学,2008.
[270] 张东升. 卸压法防治胶带运输机峒室底鼓的研究[D]. 徐州:中国矿业大学,1990.
[271] 张官禹,赵龙,尚玉强. 软岩巷道底鼓成因分析及关键控制技术研究[J]. 煤炭科学技术,2019,47(11):63-67.
[272] 张国锋,于世波,李国峰,等. 巨厚煤层三软回采巷道恒阻让压互补支护研究[J]. 岩石力学与工程学报,2011,30(8):1619-1626.
[273] 张华磊. 采场底板应力传播规律及其对底板巷道稳定性影响研究[D]. 徐州:中国矿业大学,2011.
[274] 张金伟,罗富荣,童丽红,等. 地铁矿山法隧道装配式二次衬砌结构设计初步研究[J]. 隧道建设(中英文),2021,41(5):822-830.

[275] 张俊文. 错层位沿空巷道卸压机理及空间适应性研究[D]. 北京：中国矿业大学(北京),2013.

[276] 张凯,郭俊廷,滕腾. 弱胶结砂质泥岩注水软化与渗流特性试验研究：以神东矿区为例[J]. 煤炭科学技术,2022,50(2):195-201.

[277] 张丽民. 输料孔技术在高河煤矿的应用探讨[J]. 煤,2019,28(8):91-92.

[278] 张良山. 隧道衬砌背后空洞上方落石对衬砌结构的破坏机理及整治措施[J]. 铁道建筑,2017(6):63-67.

[279] 张农. 巷道滞后注浆围岩控制理论与实践[M]. 徐州：中国矿业大学出版社,2004.

[280] 张勇,张春雷,赵甫. 近距离煤层群开采底板不同分区采动裂隙动态演化规律[J]. 煤炭学报,2015,40(4):786-792.

[281] 赵兴东,唐春安,张国联,等. 高应力破裂岩体条件下锚网支护研究[J]. 岩土力学,2006,27(增刊):918-920.

[282] 赵震海,况顺达. 关于贵州煤炭资源开发的思考[J]. 中国矿业,2006,15(3):17-20,28.

[283] 郑复伟. 地面输料孔在神东煤炭集团公司的应用[J]. 煤炭工程,2014,46(11):23-26.

[284] 郑国胜. 裂隙网络动水注浆浆液扩散与封堵效果研究[D]. 徐州：中国矿业大学,2018.

[285] 郑佳艳,杨晓猛,刘海京,等. 波纹钢管廊结构设计关键技术分析与问题探讨[J]. 隧道建设(中英文),2020,40(9):1341-1349.

[286] 郑颖人,董飞云,徐振远,等. 地下工程锚喷支护设计指南[M]. 北京：中国铁道出版社,1988.

[287] 朱旻,孙晓辉,陈湘生,等. 地铁地下车站绿色高效智能建造的思考[J]. 隧道建设(中英文),2021,41(12):2037-2047.

[288] 朱术云,姜振泉,姚普,等. 采场底板岩层应力的解析法计算及应用[J]. 采矿与安全工程学报,2007,24(2):191-194.

[289] 朱效嘉. 锚杆支护理论进展[J]. 煤矿支护,1996(1):5-12,19.

[290] 左建平,文金浩,胡顺银,等. 深部煤矿巷道等强梁支护理论模型及模拟研究[J]. 煤炭学报,2018,43(增刊1):1-11.